Springer-Verlag Berlin Heidelberg GmbH

Monographien zur Feuerungstechnik

Bisher erschienene Hefte:

Heft 1: **Die Chemie der Brennstoffe vom Standpunkt der Feuerungstechnik.** Von **Hugo Richard Trenkler.** 2. Auflage. Mit 2 Figuren im Text und 2 Tafeln. Geheftet M. 10.— und 30% Verlags-Teuerungszuschlag.

Der Weltmarkt: Zur Einführung in die Materie der Kohlenvergasung und der Nebenproduktengewinnung ist das Werkchen so recht geeignet und kann deshalb allen Brennstoffverbrauchern bestens empfohlen werden.

Glasers Annalen: Die vorliegende Arbeit gehört zu den besten Veröffentlichungen der Jetztzeit.

Heft 2: **Beiträge zur graphischen Feuerungstechnik.** Von **Wa. Ostwald.** Mit 39 Abbildungen im Text und 3 Tafeln. Geheftet M. 18.—, gebunden M. 23.— (und 50% Verlags-Teuerungszuschlag).

Mitteilungen d. Inst. f. Kohlenvergasung: Eine recht zahlreiche Verbreitung des Buches (dessen Wert noch durch die Beigabe dreier Rechentafeln größeren Formats erhöht wird) möchte Referent aus zwei Gründen wünschen: einmal, weil dadurch jedem gebildeten Betriebsleiter, auch wenn er nicht über besondere Kenntnisse aus der Feuerungstechnik verfügt, die Möglichkeit geboten ist, die Arbeitsweise seiner Feuerung bzw. seiner Verbrennungskraftmaschine wirksam zu kontrollieren, und zweitens, weil bei tieferem Eindringen der von Ostwald entwickelten Ideen in die Kreise der Praktiker zweifellos zahlreiche neue Probleme auftauchen werden, die sich vermittels graphischer Methoden ebenso leicht und elegant lösen lassen, wie dies Ostwald in der vorliegenden Schrift an einzelnen Beispielen dargetan hat.

Glückauf: Die Sammlung der in Zeitschriften verstreuten Aufsätze wird freudig begrüßt werden und wertvolle Anregungen zur Anwendung schaubildlicher Verfahren auch in solchen Fällen geben, in denen bisher ausschließlich rechnungsmäßig gearbeitet worden ist.

Heft 3: **Vereinfachte Schornsteinberechnung.** Von **O. Hoffmann.** Geheftet M. 12.—

Zentralblatt f. d. d. Baugewerbe: Der Zweck der hier vorliegenden Arbeit ist, auf der Basis theoretischer Grundlage eine einheitliche Berechnungsweise für Fabrikschornsteine zu schaffen, die es dem in der Praxis stehenden Ingenieur ermöglicht, unter Benutzung weniger Merkziffern Schornsteindurchmesser und Schornsteinhöhe für alle vorkommenden Fälle rasch und sicher zu bestimmen. Die hierzu nötigen Merkziffern sind überaus einfach und dem Gedächtnis leicht einzuprägen, so daß sie bald Allgemeingut werden dürften. Das kleine Werkchen ist allen Interessenten zu empfehlen.

Monographien zur Feuerungstechnik
Heft 4

Trockene Kokskühlung
mit Verwertung der Koksglut

Von

L. Litinsky
Oberingenieur, Leipzig

Mit 18 Abbildungen und 7 Tabellen im Text

Springer-Verlag Berlin Heidelberg GmbH
1922

ISBN 978-3-662-33433-1   ISBN 978-3-662-33830-8 (eBook)
DOI 10.1007/978-3-662-33830-8
Copyright 1922 by Springer-Verlag Berlin Heidelberg
Ursprünglich erschienen bei Otto Spamer, Leipzig 1922.

Vorwort.

Bei jedem, der auch nur einmal eine Kokerei oder ein Gaswerk betreten hat, tauchte wohl sicher die Frage auf, ob es nicht möglich wäre, die Energie, die beim **Löschen des Kokses** in den gewaltigen Dampfmengen nutzlos gen Himmel emporsteigt, auf die eine oder andere Weise zu verwerten. In der vorliegenden Arbeit wird deshalb versucht, zu zeigen, was bei der bisherigen Löschweise des Kokses verloren ging, wie man versuchte, diese Verluste zu vermeiden oder wenigstens zu vermindern, und wie es schließlich **praktisch** gelungen ist, das interessante Problem in einer einfachen, betriebssicheren und rentablen Weise unter gleichzeitiger Verbesserung der Koksqualität zu lösen.

Leipzig, im März 1922.

L. Litinsky.

Inhaltsverzeichnis.

	Seite
Vorwort	3
Einleitung	5
I. Verluste durch Ablöschen des heißen Kokses mit Wasser	6
II. Weitere Nachteile des Ablöschens von Koks mit Wasser	12
III. Wassergehalt des Kokses und dadurch verursachte Verluste	15
IV. Vorschläge zur Verwertung der Kokshitze	21
a) Vorschläge beim Naßlöschverfahren	22
b) Vorschläge beim Trockenlöschverfahren bzw. bei Weiterverwendung des Kokses in glühendem Zustande	26
c) Vorschläge bei trockener Kokskühlung mit indifferenten Gasen	28
d) Verwertung der Koksglut in den kontinuierlichen Leuchtgaserzeugungsöfen	35
V. Anwendung der Sulzerschen Kokskühlanlagen bei verschiedenen Ofensystemen	37
VI. Versuchs- und Betriebsresultate der Kokskühlanlage in Schlieren bei Zürich	41
VII. Wirtschaftlichkeit der Anlagen für trockene Kokskühlung	47
VIII. Vergleich der trockenen Kokskühlung mit der bisherigen Betriebsweise	50

Einleitung.

Die Verkokung und die Entgasung der Brennstoffe stellt einen pyrochemischen Prozeß dar, den man als **trockene Destillation** (also Erhitzung unter Luftabschluß) bezeichnet. Die Durchführung der trockenen Destillation der Steinkohle erfordert Aufwendung von verhältnismäßig hohen Temperaturen, und zwar einerseits, damit eine möglichst vollständige Befreiung des Brennstoffes von den darin enthaltenen Gasbestandteilen erzielt wird, und andererseits zwecks Erhalts eines mechanisch festen Destillationsrückstandes. Nach der Beendigung des Destillationsprozesses weist der Destillationsrückstand (Koks) ziemlich hohe Temperaturen auf, die nur selten unterhalb 1000°C liegen. Zwecks Weiterverwendung muß der Destillationsrückstand abgekühlt werden. Diese Kühlung kann unmöglich in dem Destillationsraum (Kammer, Retorte) selbst vorgenommen werden, da dabei, abgesehen von der verminderten Leistung der Ofenanlage, der Wärmeverschwendung infolge Abkühlung der Ofenwände usw., auch das wertvolle feuerfeste Ofenbaumaterial stark angegriffen werden würde. Nach vollzogener Entgasung bzw. Verkokung muß daher der heiße Koks den Entgasungsraum verlassen. Da jedoch der heiße Koks bei Luftzutritt lebhaft verbrennt und der dadurch bedingte Abbrand die Koksausbeute vermindert, so muß die Abkühlung des Kokses so schnell wie möglich geschehen. Man verfährt dabei gewöhnlich so, daß mittels eines Schlauches oder bei größeren Anlagen mittels verschiedenartigster maschineller Einrichtungen der glühende Koks mit Wasser abgelöscht wird, wobei sich gewaltige Dampfmengen bilden und in die Atmosphäre entweichen, so daß die im Destillationsrückstand enthaltenen Wärmemengen vollständig verloren gehen.

Wie groß der prozentuale bzw. absolute **Wärmeverlust** ist, der dadurch entsteht, daß die Glutwärme des ausgestoßenen Kokskuchens nicht verwertet wird, ersieht man aus den folgenden Zeilen.

I. Verluste durch Ablöschen des heißen Kokses mit Wasser.

Über die Größe solcher Wärmeverluste geben uns zunächst die Wärmebilanzen des Kohlendestillationsprozesses einige Auskunft.

Über Wärmebilanzen des Kohlendestillationsprozesses liegen bereits Angaben vor, die sich teils auf den Heizwert der

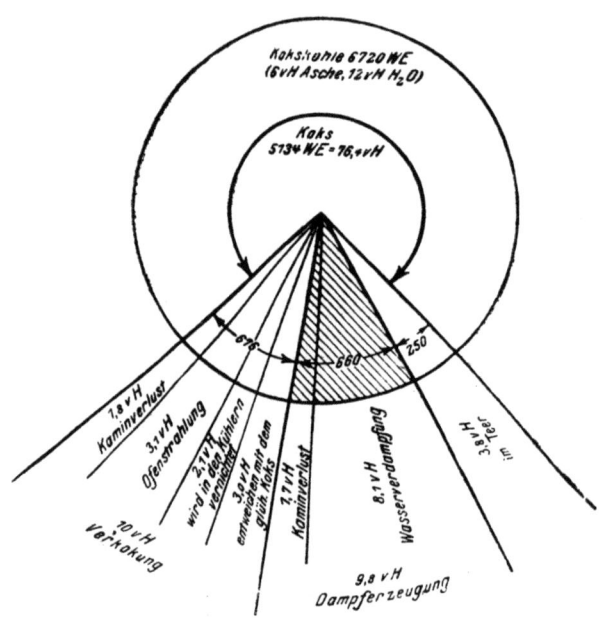

Abb. 1. Verteilung der Wärmemengen im Kokereibetrieb bei einer Kohle mit 76% Koksausbringen, bezogen auf eine Kokskohle von 6720 WE[1]).

Kohle, teils auf die zur Kohlendestillation selbst benötigte Wärmemenge als Einheit beziehen. Da der Wärmeverbrauch bei der Kohlendestillation sich je nach der Kohlenbeschaffenheit, Ofensystem usw. zwischen 650 bis 800 WE pro Kilogramm Kohle bewegt, was etwa 10% des Kohlenheizwertes entspricht, so läßt sich die gewünschte gegenseitige Umrechnung

---

[1]) Schreiber, Aufbereitung, Brikettierung und Verkokung der Steinkohle. Braunschweig 1914, F. Vieweg & Sohn. S. 65.

(vom Heizwert auf den Destillationswärmeaufwand und umgekehrt) sehr leicht bewerkstelligen. In den Abb. 1 bis 5 (Seite 6—9) sind einige solche Bilanzen graphisch dargestellt.

Maschinenfabrik Augsburg-Nürnberg[1]) schätzt den Wärmeinhalt des heißen, den Kohlendestillationsofen verlassenden Kokses auf etwa 3% des Kohlenheizwertes. Bunte sagt: „Beträchtliche Wärmemengen, etwa 25% vom Heizwert der Unterfeuerung (also $\frac{25 \times 15}{100} = 3,75\%$ vom Koksheizwert), sind bei allen Öfen in dem heißen Koks enthalten"[2]).

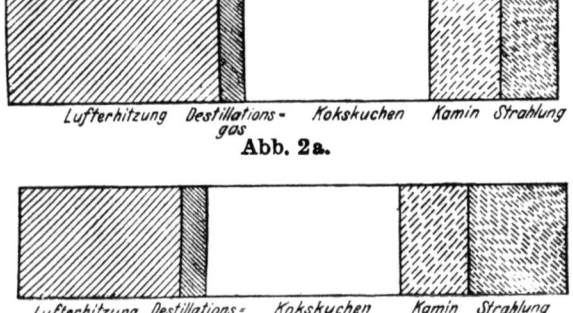

Abb. 2a.

Abb. 2b.

Wärmeverteilung in der Wärmebilanz der Koppersschen Koksöfen, bezogen auf die für die Verkokung benötigte Wärmemenge: a) Regenerativkoksöfen, b) Abhitzekoksöfen[3]).

Lecocq[4]) ermittelte die im heißen Koks enthaltene Wärmemenge zu etwa 40% (und mehr) des Wärmeaufwandes für die Kohlendestillation. Es sei aber bemerkt, daß in der Arbeit von Lecocq die Wärmemenge für die Verkokung niedriger angesetzt war, als es den praktischen Verhältnissen entspricht. Ferner muß erwähnt werden, daß die in der Abb. 3 bis 4 angegebenen Werte ebenfalls nicht ganz einwandfrei

---

[1]) Otto, Theoretische und praktische Ermittlung von Koksofenwärmebilanzen. Dissertation Breslau. Düsseldorf 1914, Verlag Stahleisen. S. 6.
[2]) Die feuerungstechnische Entwicklung der Gaserzeugungsöfen. Sonderdruck aus dem Journal f. Gasbeleuchtung u. Wasserversorgung. 1913, S. 18.
[3]) Wilczek, Beiträge zur Wärmetechnik der Koppersschen Koksöfen. Glückauf 1914, S. 698.
[4]) Revue de Metallurgie 1912, S. 561.

8 Verluste durch Ablöschen des heißen Kokses mit Wasser.

sind, weil die zitierte, sonst sehr fleißige Arbeit, einige Fehler aufweist, was jedoch für unseren Zweck (prozentual im heißen Koks enthaltene Wärmemenge) nicht von Belang ist.

Man ersieht aus dem Obigen, daß durchschnittlich rund 3% des Kohlenheizwertes in der Wärme des heißen Kokses enthalten sind, die durch Löschen mit Wasser vernichtet

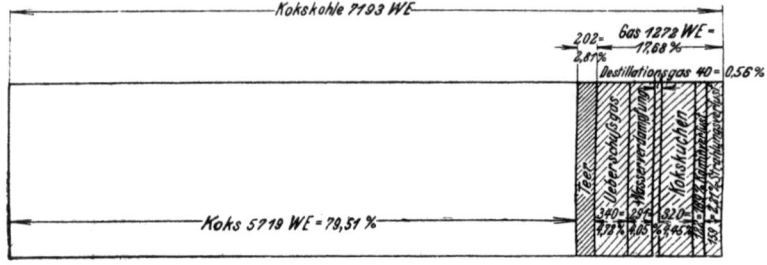

Abb. 3. Verteilung der Wärmemengen im Kokereibetrieb beim Abhitzeofen[1]). Vgl. S. 7.

werden. Auf die Koksmenge umgerechnet (durchschnittliches Koksausbringen = 75%) ergibt es dann 4%.

Die Temperaturen des Kokskuchens schwanken im allgemeinen zwischen 900 und 1100°C. Wie die Abb. 6 (auf S. 10)

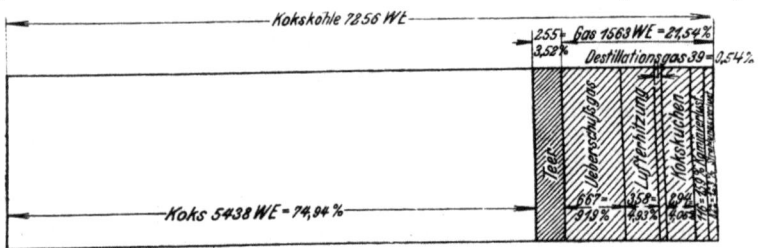

Abb. 4. Verteilung der Wärmemengen im Kokereibetrieb bei Regenerativöfen[1]). Vgl. S. 7.

zeigt, steigt die Temperatur des Kokskuchens im Laufe der Destillation bei 28stündiger Garungszeit allmählich von 20° auf rund 1000° (1120° auf der Maschinenseite und 920° auf der Lösch- bzw. Koksplatzseite), so daß der Kokskuchen den Ofen mit rund 1000°C verläßt. Wilczek bestimmte die Temperatur des Kokskuchens zu rund 970°C. Bei den Gaswerksöfen, wo sonst mit höheren Temperaturen gearbeitet

---

[1]) Wilczek, Beiträge zur Wärmetechnik der Koppersschen Koksöfen. Glückauf 1914, S. 698.

wird, kann man allgemein annehmen, daß der Kokskuchen aus dem Ofen mit etwa 1100—1150° C herauskommt. So fand zum Beispiel Geipert bei seinen Leistungsversuchen auf dem Gaswerk Hannover im Jahre 1911 im Innern der Retorten Temperaturen von 1014—1130° C. Ich selbst habe seinerzeit die Temperatur des aus dem Schrägretortenofen herauskommenden Kokses mit einem optischen Pyrometer mit 1135° C ermittelt. Bei der Ermittlung der Temperaturen des Kokskuchens mit optischen Pyrometern muß berücksichtigt werden, daß die der Messung zugänglichen Außenschichten des Kokskuchens sich abkühlen und dadurch in der Helligkeit nachlassen. Aus diesem Grunde sind die auf dem Wärmestrahlungsprinzip aufgebauten Pyrometer (Ferry) den anderen vorzuziehen.

Es. kann somit die Temperatur des Kokses ohne weiteres mit rund 1000° C angenommen werden.

Die im Kokskuchen enthaltene Wärmemenge wird aus dem Produkt von Temperatur und mittlerer spezifischer Wärme ermittelt. Neuere Untersuchungen von Otto[1]) ergaben folgende Werte der mittleren spezifischen Wärme für Ruhrkoks:

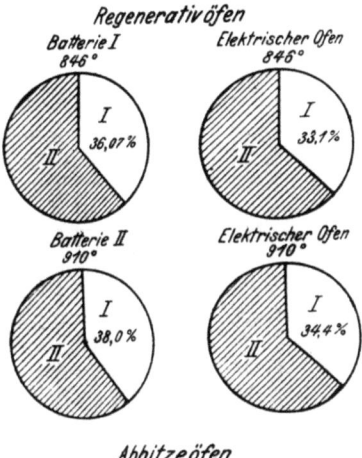

Abb. 5. Graphisch - prozentuale Zusammenstellung der in der Praxis und im Laboratorium ermittelten Wärmebilanzen für Kohlendestillation, bezogen auf den Wärmeaufwand für die Verkokung (650 bis 725 WE)[2]). Vgl. S. 7.

bei 750° C = 0,377
„ 840° C = 0,390
„ 950° C = 0,399
„ 1050° C = 0,400

---

[1]) Otto, Theoretische und praktische Ermittlung von Koksofenwärmebilanzen. Dissertation Breslau. Düsseldorf 1914. Verlag Stahleisen. S. 10 und 31.
[2]) Otto, Theoretische und praktische Ermittlung von Koksofenwärmebilanzen. Dissertation Breslau. Düsseldorf 1914, Verlag Stahleisen. S. 27.

Dementsprechend sind in 1 kg heißen Kokses von 1000° C 1000 × 0,4 = 400 WE enthalten, die, wie weiter gezeigt wird, zum größten Teil nutzbar gemacht wrden können.

Was solche Wärmeverluste für das Nationalvermögen bedeuten, ersieht man aus folgendem. Nach vorliegenden praktischen Erfahrungen, über die weiter noch berichtet

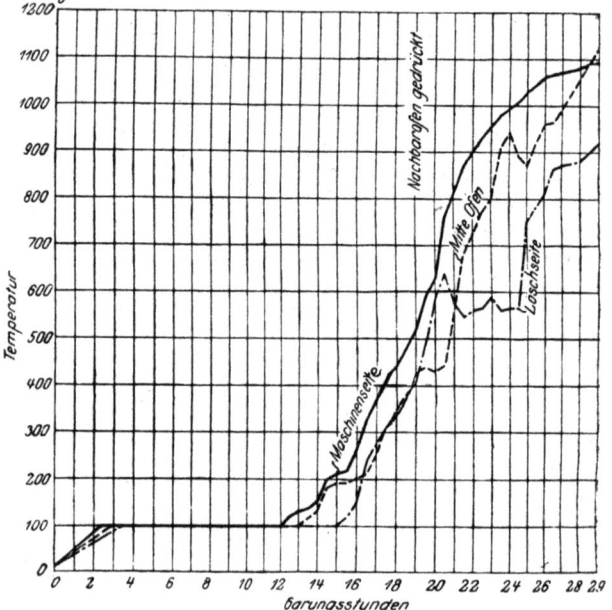

Abb. 6. Temperatur im Kokskuchen, gemessen unter den Füllöchern, und zwar 1000 mm oberhalb der Ofensohle[1]). Vgl. S. 8.

wird, kann der Koks in den Anlagen zur Verwertung der in ihm enthaltenen Glut rationell auf etwa 250° C (und darunter) heruntergekühlt werden; folglich können mindestens $^3/_4$ der im heißen Koks enthaltenen Wärmemenge nutzbar gemacht werden. Das ergibt etwa 300 000 WE pro Tonne Koks. Selbst unter der Annahme der ungünstigsten Dampferzeugungsbedingungen (850 WE pro kg Dampf) kann man mit dieser Wärmemenge, wie praktische Versuche beweisen, **rund 0,35 t Dampf mit einer Spannung von 6—10 Atm. und höher pro Tonne Kokserzeugung erhalten.**

---

[1]) Stahl u. Eisen 1914, Nr. 23.

Der Dampfverbrauch pro effektive Pferdekraftstunde ist bei Dampfmaschinen je nach der Anzahl der Zylinder, nach der Leistung, nach dem Kesseldruck usw. verschieden; ferner ist der Dampfverbrauch davon abhängig, ob die Dampfmaschine mit Auspuff oder Kondensation arbeitet, ob die Zylinder mit Mantel versehen sind usw. Eine zweckmäßige Übersicht darüber ist im Kalender für das Gas- und Wasserfach (herausgegeben von Dr. Schilling), Teil II, S. 101—102, München 1922, R. Oldenbourg, enthalten.

In den Gaswerken ist der Kraftbedarf bedeutend geringer[1]) als in großen Wärmezentralen, wie Kokereien. Man kommt also in den Gaswerken mit kleineren Dampfmaschinen aus, so daß hier mit einem höheren Dampfverbrauch pro PS-Stunde zu rechnen ist. Im Durchschnitt können aber 10 kg Dampf pro effektive Pferdekraftstunde angenommen werden. Aus der Glutwärme einer Tonne Koks können somit rund 33—40 Pferdekraftstunden gewonnen werden.

Unter der Annahme einer jährlichen Kokserzeugung in Deutschland von 30 000 000 t (vgl. Tab. 1) ging bis jetzt mit der unverwerteten Glut des Kokses über eine Milliarde Pferdekraftstunden verloren[2]). Oder mit anderen Worten ausgedrückt, durch Vernachlässigung dieser gewissermaßen kostenlosen Wärmequelle wurden jährlich $\frac{30\,000\,000 \times 4}{100}$ = 1 200 000 t Koks verschleudert. Würde man die in der Glut

Tabelle 1.
Steinkohlenförderung und Kokserzeugung in Deutschland.

Jahr	Steinkohlenförderung		Kokserzeugung	
	insgesamt 1000 t	im Monatsdurchschnitt 1000 t	insgesamt 1000 t	im Monatsdurchschnitt 1000 t
1913	191,511	15,959	32,167	2,681
1914	161,535	13,461	27,324	2,277
1915	146,712	12,226	26,359	2,197
1916	158,847	13,237	33,023	2,752
1917	167,311	13,943	33,639	2,803
1918	160,508	13,376	33,411	2,784

Im Januar 1922 betrug die Kokserzeugung im Deutschen Reiche ohne Saarrevier und Pfalz rund 2,25 Millionen Tonnen.

---

[1]) 120—150 kg Dampf pro 100 cbm Gas, je nach der Größe des Gaswerkes (einschließlich den Dampfbedarf für Nebenprodukten-Verarbeitung).

[2]) Die Tabelle 1 schließt mit dem Jahr 1918; nach dem Verlust Oberschlesiens und des Saargebietes geht die Kokserzeugung stark zurück, was jedoch noch mehr Veranlassung gibt, alle Wärmequellen restlos auszunutzen.

des Kokskuchens enthaltene Wärme gewinnen, so könnte man jährlich 120 000 Waggons das Rollen nach den verschiedenen Ecken und Enden Deutschlands ersparen bzw. dieselben für den Transport anderer Gegenstände des täglichen Bedarfes verwenden.

Die Frage der Rückgewinnung der Wärme aus der Glut des Kokses in Gaswerken und Kokereien ist besonders auch aus dem Grunde wichtig, weil für die Koks- und Leuchtgaserzeugung, wie es die Tabelle 2 zeigt, rund 29%, also beinahe ein Drittel der gesamten Kohlenförderung Deutschlands verwendet wird und Bestrebungen im Gange sind noch größere Brennstoffmengen durch Verkokung zu veredeln.

Tabelle 2.
Verteilung der Kohlenförderung Deutschlands vom Jahre 1913 auf die verschiedenen Verbrauchsgebiete[1]).

Verbrauchszweck	Verbrauchsmenge		Verbrauchsart
	t	%	
1. Kokerei	44 700 000	23,4	Entgasung 28,7%
2. Gaswerke	10 150 000	5,3	
3. Elektrizitätswerke	5 550 000	2,9	
4. Industrie	46 000 000	24,1	
5. Eisenbahn	17 750 000	9,3	
6. Schiffahrt	10 150 000	5,3	Rohverfeuerung 58,2%
7. Hausbrand	17 400 000	9,1	
8. Brikettierung	6 650 000	3,5	
9. Landwirtschaft	7 650 000	4,0	
10. Ausfuhrüberschuß	25 000 000	13,1	Rohausfuhr 13,1%

Da in den Kokereien und Gaswerken die Kohle, im Gegensatz zu den anderen Verbrauchszweigen, nicht als Brennstoff, sondern als Rohstoff Verwendung findet, so gewinnt dieser Umstand noch mehr an Bedeutung.

Das Löschen des heißen Kokses mit Wasser bringt auch weitere nicht unbedeutende Nachteile mit sich, die im folgenden Abschnitt erörtert werden.

II. Weitere Nachteile des Ablöschens von Koks mit Wasser.

Jede Kohle ist mehr oder weniger schwefelhaltig. Der Schwefel tritt in der Kohle in dreierlei Form auf, und zwar als: 1. Schwefelkies, 2. Sulfat (Gyps) und schließlich 3. Orga-

---

[1]) Glückauf, Jahrgang 1919, Nr. 9, S. 143.

nischer Schwefel, d. h. an Kohlenstoff, Wasserstoff und Sauerstoff gebundener Schwefel.

Der Gehalt des in der Kohle enthaltenen Schwefelkieses geht beim Aufbereitungsprozeß der Kohle etwas zurück, da in zerkleinertem Zustande die Kohle infolge des verhältnismäßig geringeren spezifischen Gewichtes von dem schweren Schwefelkies gewissermaßen abgeschwemmt wird. Auf diesem Prinzip beruhen (nebenbei bemerkt) auch Verfahren zur Gewinnung des Schwefels, die während des letzten Krieges Anwendung gefunden haben. Eine nicht unbedeutende Menge Schwefelkies bleibt jedoch trotzdem in der Kohle zurück.

Mit der Verkokung bzw. trockenen Destillation (Entgasung) der Kohle ist gleichzeitig auch eine teilweise Entschwefelung der Kohle verbunden.

Der in der Kohle enthaltene Schwefelkies (FeS_2) wird im Entgasungsraum (Kammer, Retorte) infolge der hohen Temperatur und der immerhin langen Chargendauer zersetzt, wobei nach der Gleichung $2 FeS_2 = Fe_2S_3 + S$ etwa $1/4$ des Gehaltes der Kohle an Schwefel (der mit dem Sauerstoff der Kohle SO_2 bildet) entweichen würde. Bei einem Koksausbringen von 75% und einem Gehalt von 1,5% Schwefel in der Kohle würde demnach der Koks $\dfrac{1,5 \times 0,75}{0,75} = 1,5\%$ Schwefel, d. h. etwa dieselbe Menge Schwefel (prozentual ausgedrückt) enthalten, wie die Kohle selbst.

Sulfate, die hauptsächlich in der Asche der Steinkohle enthalten sind, werden während des Verkokungsprozesses meistens reduziert, namentlich $CaSO_4$ zu CaS, so daß auch in diesem Falle der Schwefelgehalt des Kokses sich gegenüber demjenigen der Kohle kaum verringern würde.

Es verbleiben somit im Koks bedeutende Mengen Schwefel in Form von Sulfid, Sulfat und org. Schwefel, die beim Löschen des frischgezogenen Kokskuchens mit Wasser mit dem letzteren unter Bildung von Schwefelwasserstoffsäure (bzw. schwefliger Säure) reagieren. Für FeS z. B. gilt die folgende Gleichung:

$$FeS + H_2O = FeO + H_2S;$$

das im Entgasungsofen entstandene Fe_2S_3 reagiert unter Einwirkung von Wasserdampf und Luftsauerstoff folgendermaßen:

$$Fe_2S_3 + 2 H_2O + 3 O = Fe_2O_3 + 2 H_2S + SO_2.$$

Es sind mir leider keine genauen Versuchsunterlagen bekannt, aus denen man ersehen könnte, wie groß die beim Löschen des Kokses mit Wasser aus dem Koks entweichenden Schwefelmengen sind; es sind mir ferner auch keine Zahlen darüber bekannt, wie groß der prozentuale Schwefel- bzw. H_2S-Gehalt der beim Löschen des Kokses entstehenden Dampfschwaden ist. Dieser Gehalt kann unter Umständen jedoch ganz bedeutend werden. So hat z. B. S k a r e d o w[1]) beim Behandeln von Koks im Porzellanrohr mit Wasserdampf bei Temperaturen von 700—900° C eine Schwefelabnahme des Kokses sogar von rund 40—50% gefunden. Die andere Hälfte ging aber in den Wasserdampf herüber.

Der S t i c k s t o f f der Kohle verhält sich beim Verkokungsprozeß ähnlich wie der Schwefel. Nur ein kleiner Teil des Kohlenstickstoffes wird in Form von Ammoniak, Zyan usw. verflüchtigt, der größere Teil des Stickstoffes bleibt im Koks zurück. Es ist eine bekannte Tatsache, daß Wasserdampf den Stickstoffgehalt des Kokses etwas vermindert. Es leuchtet daher ohne weiteres ein, daß die beim nassen Löschen des Kokses entstehenden Dampfschwaden außer Schwefelverbindungen auch Stickstoffverbindungen enthalten.

Es braucht nicht vor Augen gehalten zu werden, daß die von den Dampfschwaden mitgeführten Verbindungen von Schwefel und Stickstoff auf Eisen, Beton usw. z e r s t ö r e n d einwirken.

Die S t ü c k g r ö ß e des Kokses hängt von verschiedenen Ursachen ab. Die Backfähigkeit der Kohle, ihre Korngröße, die Satzhöhe der Kohle in dem Destillationsraum, die Destillationstemperaturen, die Form der Destillationsräume (Kammer oder Retorte) usw. üben ihren Einfluß auf die Qualität des Kokses und somit auf die Stückgröße desselben aus. Eine Kokskohle mit guten backenden Eigenschaften ergibt einen großstückigeren Koks als eine schlecht backende Kohle; das gleiche gilt auch für feinkörnige Kokskohle. Eine zu hohe Entgasungstemperatur, kleine Destillationsräume (Retorte), sowie eine rasche Gasabsaugung (starker Zug) bewirken dagegen eine erhöhte Bildung von kleinstückigem Koks. E i n e n v i e l g r ö ß e r e n E i n f l u ß übt jedoch auf die Stückgröße des Kokses die B e h a n d l u n g d e s s e l b e n n a c h d e r v o l l e n d e t e n E n t g a s u n g aus. Nach dem Ausstoßen des Kokses aus dem Entgasungsraum muß er, wie in der Einlei-

---

[1]) Journ. d. russ. metallurg. Gesellschaft 1911.

tung ausgeführt wurde, rasch in kalten Zustand übergeführt werden, weil sonst (beim langsamen Abkühlen an der Luft) zu viel Abbrand entstehen würde. Man besprengt daher den Koks mit Wasser, wodurch jedoch in den einzelnen Koksstücken zahlreiche Risse und Sprünge entstehen, so daß beim Transport und Verladen die Koksstücke zerfallen und einen großen Teil Kleinkoks ergeben, der nur schlechten Absatz findet und deshalb die Rentabilität der Kohlendestillationsanlagen herabsetzt. Wird der Koks statt dem Besprengen direkt in Wasser eingetaucht, so ist die Wirkung des Wassers noch unheilvoller.

III. Wassergehalt des Kokses und dadurch verursachte Verluste.

Der kleinstückige Koks weist eine bedeutend höhere Wasseraufnahmefähigkeit auf als der großstückige.

Ferner ist noch zu beachten, daß die Wasseraufnahmefähigkeit des Kokses auch von seiner Beschaffenheit abhängt. Je poröser der Koks ist, desto mehr Feuchtigkeit zieht er beim Regen oder beim künstlichen Wasserbesprengen an. Der Retortenkoks ist bekanntlich weniger dicht als der Kammerofen- oder Kokereikoks, weil er sich in der Retorte beim Blähen frei ausdehnen kann, während dies in den großen Entgasungsräumen allein schon durch den Druck der hohen Kohlenschicht verhindert wird.

Der Wassergehalt des Kokses wechselt je nach den Verhältnissen sehr stark. Er schwankt normal zwischen 5 und 20% und ist zuweilen bedauerlicherweise noch höher. Im Hochofen und Kupolofen wird das hygroskopische Wasser des Kokses ohne weiteres bei ca. 100° C entfernt. Wenn man aber meint, wie das vielfach geschieht, daß infolgedessen der Wassergehalt z. B. im Hochofenkoks nichts schade, so beruht dies auf großem Irrtum.

„Der Wassergehalt des Hochofenkokses[1]) erniedrigt nicht nur prozentual seinen Kohlenstoffgehalt, d. h. seinen Brennwert, sondern er vergrößert zugleich auch den Wassergehalt der Hochofengase. Hierdurch wird der nutzbare Heizwert und der pyrometrische Heizeffekt des Hochofengases insofern wesentlich beeinträchtigt, als beim Verbrennen des feuchten

---

[1]) Simmersbach, Kokschemie. 1914, S. 136/137.

16 Wassergehalt des Kokses und dadurch verursachte Verluste.

Hochofengases der Wasserdampf in der Flamme bis auf die Verbrennungstemperatur erhitzt werden muß, und zwar unter Aufwand einer großen Wärmemenge. Ferner entzieht die Zersetzung des Wasserdampfes, welche bei der hohen Verbrennungstemperatur bei Berührung mit reduzierenden Substanzen erfolgt, ebenfalls große Wärmemengen. Der hierbei freiwerdende Wasserstoff kann zwar im weiteren Verlauf der Heizung bei genügendem Luftüberschuß wieder zu Wasser verbrennen, aber dies geschieht meist erst in Zügen und Kanälen, die für die praktische Heizung nicht mehr ins Gewicht fallen, so daß in der Praxis der Wirkungsgrad bei Heizung mit wasserhaltigem Hochofengas weit schlechter ist als mit trockenem Gichtgas. Man ist daher gezwungen, das Hochofengas von seinem Wassergehalt durch Abkühlung zu befreien, und zwar mittels großer Mengen von Kühlwasser, das zum Teil zwecks Wiedergewinnung erst geklärt und rückgekühlt werden muß, so daß vielfach ziemlich kostspielige Klär-, Rückkühl- und Pumpenanlagen benötigt werden."

Wird ein absolut trockener Koks für Unterfeuerungszwecke bei Gaswerksöfen verwendet, so entstehen dabei nicht unbedeutende Ersparnisse gegenüber der Verwendung von wasserhaltigem Koks, wie es die folgende Überschlagsrechnung zeigt.

100 kg Koks mit nur 10% Wassergehalt entwickeln im Generator bei nasser Vergasung (unter der Annahme eines Koksheizwertes von 6 400 WE und eines Wirkungsgrades des Generators von 80%)

$$\frac{100 \times 6400 \times 80}{100} = 512\,000 \text{ WE}.$$

Die in diesen 100 kg Koks enthaltenen 10 kg Wasser müssen verdampft und der entstandene Dampf muß auf die Temperatur der aus dem Generator abziehenden Generatorgase (das sind rund 1000°) erhitzt werden.

Der Wärmeaufwand für diese 10 kg Wasser (10% von dem oben angenommenen Koksgewicht) setzt sich folgendermaßen zusammen:

1. Um 10 kg Wasser in Dampf von 100° C überzuführen, benötigt man rund $10 \times 630 = 6300$ WE.

2. Um 10 kg = 10 : 0,6 (Raumgewicht des Wasserdampfes) = 17 cbm Wasserdampf von 100° auf 1000° zu erhitzen,

benötigt man ferner 17 × (1000 — 100) × 0,4 (Spez. Wärme des Wasserdampfes) = 6120 WE.

Das im Koks enthaltene Wasser verursacht hiermit bei nur 10% Feuchtigkeitsgehalt einen Mehraufwand an Wärme von $6300 + 6120 = 12\,420\,\text{WE} = \dfrac{12\,420 \times 100}{6400 \times 100} = 1{,}94\%$ vom Koksheizwert.

Zu ähnlichen Ziffern kommt auch Bunte in seinem bekannten Aufsatz: „Die feuerungstechnische Entwicklung der Gaserzeugungsöfen" im Journal für Gasbeleuchtung und Wasserversorgung im Jahre 1913. Er sagt: „5% Wasser brauchen zur Verdampfung und Erwärmung auf 1000° rund 0,85% vom Heizwert des trockenen Kokses mit 10% Asche, 15% Wasser schon rund 2,9%. Davon wird fast genau die Hälfte zur Verdampfung des Wassers verbraucht, die Hälfte ist als Verlust für die Heizung zu rechnen, weil sie den Wärmeinhalt des Dampfes bei 1000° darstellt."

In Fachkreisen stößt man vielfach auf die Ansicht, daß es gleichgültig sei, ob für die Beschickung des Generators nasser oder trockener Koks verwendet wird, weil ohnehin dem Generator zwecks Wassergasbildung Wasser in Form von Wasserdampf zugesetzt würde.

Diese Annahme wird sich bei sachlicher Überlegung als Trugschluß erweisen.

1. Unter den Rost wird bereits **Wasserdampf** geblasen und **nicht Wasser**, welches zunächst noch in Dampf umgesetzt werden muß.

2. Der unter den Rost geblasene Wasserdampf erleidet bereits in der Reduktionszone die Zersetzung in $H_2 + CO$, während ein beträchtlicher Teil des Wassergehaltes des Kokses sich in den **oberhalb der Reduktionsschicht lagernden Koksmassen** befindet, wo er noch ausgetrieben, verdampft und überhitzt wird.

3. Der unter den Rost eingeblasene Wasserdampf wird zum großen Teil, wenigstens soweit es der Wirkungsgrad des Wassergasprozesses zuläßt, in brennbare Bestandteile umgesetzt, während das aus dem Koks verdampfte Wasser als Ballast durch den ganzen Ofen hindurchzieht.

Wird also absolut trockener Koks für die Unterfeuerung verwendet, so resultiert eine Wärmeersparnis von mindestens 2% vom Koksheizwert. Bei einem mittleren Gaswerk von 20 000 000 cbm Jahresleistung, einem Unterfeuerungsverbrauch von 15% Koks pro 100 kg Kohle und einem Kokspreis von ℳ 1300 pro Tonne würde man jährlich eine Ersparnis von rund ℳ 235 000 haben. Welchen Einfluß das Unterfeuerungskonto auf die Rentabilität der Gaswerke hat, zeigt die folgende Tabelle von K. Bunte[1]):

Tabelle 3.
Anteil der Unterfeuerungskosten vom Gaspreis.

Jahr	Kosten in Pf, pro m³ bei einer Unterfeuerung von			Kosten in % vom Gaspreis in einer Unterfeuerung von			Kokspreis in ℳ/t	Gaspreis in Pf/m³
	12%	15%	20%	12%	15%	20%		
1914	0,88	1,10	1,47	6,3	7,85	10,5	22	14
1921	22,4	28,0	37,5	14,9	18,7	25,0	560	150

Unter Zugrundelegung der Preise von Mai 1922 (für Mitteldeutschland) ändert sich die Tabelle 3 entsprechend und ergibt noch ungünstigere Zahlen:

Tabelle 3a.
Anteil der Unterfeuerungskosten vom Gaspreis für Mai 1922.

Jahr	Kosten in Pf. pro m³ bei einer Unterfeuerung von			Kosten in % vom Gaspreis in einer Unterfeuerung von			Kokspreis in ℳ/t	Gaspreis in Pf/m³
	12%	15%	20%	12%	15%	20%		
1922 1. Mai	72,0	90,0	120,0	16,0	20,0	26,7	1800	450

Der Anteil des erlösten Gaspreises, der durch die Beheizungskosten der Öfen aufgezehrt wird, hat sich also, **gleichen Unterfeuerungsaufwand vorausgesetzt**, seit dem Kriege auf rund das 2,5fache (im Jahre 1921) erhöht.

Es leuchtet ohne weiteres ein, daß auch bei Wassergaserzeugung, in Zentralheizungen, sowie überhaupt in der Mehrzahl der verbrauchenden Industrien der Wassergehalt des Kokses mindestens in demselben Maße **schädlich** ist, wie in den beiden obigen Beispielen gezeigt ist.

Wir haben soeben gesehen, daß es sowohl für Selbstverbraucher (Hüttenwerke, Gaswerke), als auch für außenstehende Konsumenten (Industrie, Haushalt) von großem Vorteil ist, einen wasserfreien Koks zu erhalten. Auch wird dadurch die Eisenbahn mit ihrem z. Zt. leider sehr beschränkten Bestand an Rollmaterial etwas entlastet, da der absolut unnötige Wasserballast nicht mehr transportiert zu werden braucht. Würde man den Koks nach dem Heizwert oder nach Raumeinheiten (Hektoliter) verkaufen, so würden

---

[1]) Gas- und Wasserfachm. 1922 Heft 1, S. 1.

sowohl der Verkäufer als auch der Abnehmer dafür sorgen, daß kein Wasser im Koks enthalten wäre.

Bei einem Koks mit 14,5% Asche verhält sich sein Brennbares und der Heizwert wie die folgende Zusammenstellung (Höhn) zeigt:

Tabelle 4.
Feuchtigkeitsgehalt und Heizwertverminderung.

Feuchtigkeit %	Aschengehalt %	Brennbares %	Heizwert kg/cal
0	14,5	85,5	6800
10	12,9	77,1	6070
20	11,5	68,5	5320

Solange jedoch Koks nach dem Gewicht verkauft wird, ist dem Verkäufer ein hoher Wassergehalt im Koks sehr willkommen. Es kommt leider viel zu häufig vor, daß die Produzenten zur Steigerung der Einträglichkeit ihrer Werke zusammen mit dem Koks auch das dem letzteren absichtlich zugesetzte Wasser mitverkaufen. Dabei hätte mancher Abnehmer zu gern den Betrag bezahlt, der ihm für das Wassergewicht als für Koks verrechnet wird, um nur von vornherein dieses unnötige und die Qualität des Brennstoffes verschlechternde Wasserpantschen zu verhindern. Aber in der Zeit der Brennstoffnot nimmt der Verbraucher jeden Brennstoff an, den er nur bekommen kann, wenn es auch zum Schaden der Wirtschaftlichkeit der Betriebe und überhaupt zum Schaden des ganzen Wirtschaftslebens ist.

So unangenehm es mir ist, dieses Thema schon allein aus ethischen Motiven zu berühren, bin ich doch in der Lage, zur Beruhigung derjenigen Betriebe, die keinen besseren Weg zur Hebung der Wirtschaftlichkeit finden, als Verschlechterung der teuren Brennstoffe, mitzuteilen, daß nichts im Wege steht, auch bei der Anwendung der trockenen Kokskühlung dem Koks so viel Wasser zuzusetzen, als es für den einen oder anderen Zweck (z. B. zur Schonung der Waggons, wenn die Kokswärme nur bis 250° C ausgenutzt ist, zum Niederschlagen des Staubes usw.) nötig oder geboten erscheint. Einwände, daß der trocken gekühlte Koks bei weitem nicht mehr in dem Maße wasseraufnahmefähig ist als der heiße, frisch aus dem Ofen gedrückte Koks, sind nicht stichhaltig. „Die Wasseraufnahme von frisch gedrücktem, glühendem Koks in kaltem Wasser stellt sich ca. 3—5% höher als die von kaltem Koks." (Simmersbach, Kokschemie, 2. Auflage,

S. 131; auf diese Zahlen stützt sich übrigens auch das Rheinisch-westfälische Kohlensyndikat in Essen). Neuere Versuche von Dr. Ott in Zürich ergeben das gleiche Resultat. Mit anderen Worten, wenn der heiße Koks mit Wasser gelöscht beispielsweise 20% Wasser aufnehmen kann, wird der abgekühlte Koks beim Besprengen mit Wasser höchstens $\frac{20 \times 5}{100} = 1\%$ Wasser weniger haben, also 19%; ein solcher Unterschied ist selbstverständlich nicht von Bedeutung.

Es kann somit dem auf trockene Weise abgekühlten Koks Wasser in einem Maße zugesetzt werden, wie nach dem Stand der Erträglichkeit des einen oder anderen Kohlendestillationsbetriebes als geboten erscheint. Wenn auch vom Standpunkt des Konsumenten das Wasser im Koks sehr unerwünscht, ja sogar verwerflich ist, so ist doch zu berücksichtigen, daß in diesem Falle das Wasser bereits nach der erfolgten trockenen Kokskühlung zugesetzt wird, also nachdem bereits mindestens $3/4$ der im glühenden Koks enthaltenen Wärme verwertet worden sind; ferner ist die physikalische Einwirkung des Wassers auf den zum größten Teil bereits abgekühlten Koks (etwa auf 200—250° C) nicht mehr schädlich und ruft infolgedessen nicht solche Erscheinungen (Verringerung der Koksfestigkeit, Bildung von schwefliger Säure usw.) hervor, wie dieselben beim plötzlichen Überbrausen der heißen Koksmassen mit einem kalten Wasserstrahl oder beim Untertauchen derselben in Wasser auftreten.

Die obigen Betrachtungen sollen jedoch nicht als eine Ermunterung zum „Verwässern" des Kokses dienen. Vom Standpunkte des Konsumenten und überhaupt vom Standpunkte der gesunden Wirtschaftspolitik darf man dem Koks kein Wasser zusetzen. Abgesehen von den mit Wasserzusatz verbundenen wärmewirtschaftlichen und nationalökonomischen Nachteilen möge noch darauf hingewiesen werden, daß nasser Koks im allgemeinen auch weniger fest ist als trockener Koks. Die Erklärung dafür liegt nach Wagner[1] darin, daß das Wasser auf die im Koksstück enthaltenen Salze einwirkt bzw. sie auslaugt, wodurch die Koksmasse gelockert wird. Für die Qualität des Kokses ist ferner nicht allein die Konstruktion des Entgasungsapparates, die Art der Betriebsführung, die Kohlenqualität usw., sondern auch die Behandlung desselben nach der Entgasung (also auch Transport-, Verladeeinrich-

---

[1] Ferrum 1913.

tungen usw.), von besonderer, wenn nicht ausschlaggebender Bedeutung.

Man versuchte, die Wasseraufnahme des Kokses, besonders in den Anlagen, welche direkt mit Hochofenwerken verbunden sind, durch rationelle Einrichtungen möglichst zu reduzieren. Es sind in der letzten Zeit eine Reihe sinnreicher Konstruktionen entstanden, um das Löschen (verbunden mit dem Verladen) des heißen Kokses so zu bewirken, daß der fertige Koks nach Möglichkeit großstückig wird, einen verhältnismäßig geringen Wassergehalt aufweist und die beim Löschen entstehenden Dampfschwaden rationell abgeführt werden. Verschiedene Firmen auf dem Gebiete des Koksofenbaues, wie Still, Koppers, Schöndeling, sowie Maschinenfabriken und Gaswerksbaufirmen haben bewundernswerte Anlagen für diesen Zweck errichtet. Es würde zu weit führen, und es ist schließlich nicht meine Aufgabe, an dieser Stelle darüber zu berichten. Ich muß daher die Interessenten auf die entsprechenden Literaturquellen verweisen, und zwar in erster Linie auf eine Aufsatzreihe von Thau in der Zeitschrift „Glückauf" 1911, S. 1361 ff., 1914, S. 321 ff. und 1919, S. 769 ff., wo solche Kokslösch- und Transportanlagen für Kokereibetriebe eingehend beschrieben sind, sowie auf das Werk von Strache, „Gasbeleuchtung und Gasindustrie", Braunschweig 1913, Fr. Vieweg & Sohn, S. 390 ff., in welchem die Beschreibung solcher Anlagen speziell auf Gaswerke zugeschnitten ist. So beachtenswert die technischen Errungenschaften auf diesem Gebiete sind, muß doch vor Augen gehalten werden, daß im Grunde genommen hier überall der Koks doch naß gelöscht wird, so daß die mit dieser Löschart verbundenen Nachteile (Wassergehalt des Kokses, geringere Festigkeit des Kokses, Anfressungen der benachbarten Bauten, Maschinen usw. durch den säurehaltigen Dampf usw.) nicht behoben werden. Es kommt noch hinzu, daß die meisten von diesen Konstruktionen mit ihren riesigen Löschtürmen, fahrbaren Bühnen, Wagen, langen Rinnen mit dazugehörigen Bewegungs- und Pumpeneinrichtungen usw. hohe Anlage- und besonders Reparaturkosten beanspruchen und benötigen.

Am wichtigsten ist jedoch die Tatsache, daß die Hitze des glühenden Kokses dabei doch verloren geht.

IV. Vorschläge zur Verwertung der Kokshitze.

Die beim Löschen des heißen Kokses mit Wasser sich bildenden gewaltigen Mengen Wasserdampf lenkten schon wiederholt die Aufmerksamkeit der Fachleute auf sich. Es wurde in den letzten Jahren eine Reihe von interessanten Vorschlägen gemacht, die im heißen Koks enthaltene Energie zu verwerten. Es mögen dieselben hier kurz besprochen werden. Für die Reihenfolge der verschiedenen Vorschläge wurde im Rahmen der folgenden Ausführungen nicht die chronologische, sondern die sachliche Entwicklung gewählt.

a) Vorschläge zur Verwertung der Kokshitze beim Naßlöschverfahren.

Versuche, den heißen Koks in verschlossenem Raum (z. B. im Dunstschlot der Kokslöscheinrichtung) zu löschen, den dabei entstandenen Dampf in einem Dampfspeicher zu sammeln und dann zum Antrieb von Abdampfturbinen auszunutzen, haben fehlgeschlagen. Außer den bereits oben erwähnten chemischen Verunreinigungen (schweflige Säure, Ammoniak usw.), die beim Löschen des Kokses mit Wasser entstehen und von den Dampfschwaden mitgenommen werden, enthielt der Löschdampf auch mechanische Verunreinigungen (fein verteilten Koksstaub), die zusammen mit den chemischen Bestandteilen der Dampfschwaden auf die Turbinenschaufeln einen solch schädlichen Einfluß ausübten, daß von einer weiteren Verwendung dieses Dampfes in Turbinen Abstand genommen werden mußte, um so mehr, als die Entfernung der Verunreinigungen des Dampfes durch Filter oder andere Vorrichtungen infolge der geringen Spannung des Dampfes von vornherein ausgeschlossen war.

Die Unmöglichkeit, den niedriggespannten und verunreinigten Dampf für Kraftzwecke auszunutzen, führte zu einem anderen Vorschlag. Der beim Löschen von heißem Koks in einem abschließbaren Raum gebildete Dampf sollte abgesaugt, aufgespeichert und für den Generatorbetrieb benutzt werden, wobei gleichzeitig auch der NH_3-Gehalt des Löschdampfes dem Generatorgase zugute kommen würde. Die Rentabilität der Brennstoffvergasung mit Nebenproduktengewinnung, die bekanntlich in der Hauptsache von den Dampfkosten abhängt, würde sich bei einer solch billigen Dampfquelle steigern lassen. Die praktische Durchführung dieses Vorschlages scheitert jedoch sowohl an der Tatsache, daß es verhältnismäßig nur wenige Zechenanlagen gibt, auf denen gleichzeitig mit Koksöfen auch Generatoren (insbesondere solche mit Nebenproduktengewinnung) betrieben werden, als auch daran, daß die Nebenproduktengewinnung aus Generatorgasen, wenn eine solche überhaupt in Frage gekommen wäre, sich nur in großen Wärmezentralen durchführen ließe und bei den meisten Gaswerken ausschalten müßte.

Nach einem Vorschlag von Schöndeling sollen die beim nassen Löschen entstehenden Verunreinigungen in folgender Weise aus dem Löschdampf entfernt werden. Nach diesem patentierten Verfahren wird der Koks in geschlossenem Raum durch Tauchung gelöscht und die Dampfspannung unmittelbar in aufspeicherbare, zu Kraftzwecken nach Bedarf zur Verfügung stehende Energie umgesetzt[1]). Der Koks wird in einen Wagen gedrückt und dieser in eine liegende zylindrische Kammer geschoben, deren Tür man dicht verschließt. In die Kammer läßt man nun durch einen unten vorgesehenen Anschluß so viel Wasser einströmen, daß der Koks untertaucht. Durch ein oben auf der Löschkammer angeschlossenes Rohr treten die Löschdämpfe aus und in einen stehenden zylindrischen Sammelbehälter, in dem sie durch kondensiertes Löschwasser gewaschen und durch Vorbeiführen an eingebauten Parallelblechen von mechanischen Verunreinigungen befreit werden sollen. Der Sammelbehälter steht mit einem zylindrischen Druckbehälter in Verbindung, der mit einer neutralen Flüssigkeit von hohem Siedepunkt (Anthrazenöl) gefüllt ist und an einen weiteren gleichgroßen Behälter angeschlossen ist, in dem durch Eintritt der neutralen Flüssigkeit Druckluft erzeugt wird. Je nach der Größe eines angeschlossenen Vorratsbehälters für Druckluft kann eine größere oder kleinere Energiemenge in Form von Druckluft aufgespeichert werden. Durch den Einbau von Rückschlagventilen wird eine Druckwirkung nach rückwärts verhindert. Die chemischen Verunreinigungen der Löschwasserdämpfe verbinden sich zu Salzen, die von dem kondensierten Löschwasser aufgenommen werden; ihre Menge ist jedoch so gering, daß sich eine Verarbeitung der Löschwasserrückstände auf Ammoniak nicht lohnt. Durch dauerndes Umpumpen des Löschwasserkondensats über die Parallelbleche des Sammelbehälters zwecks Waschung der Dämpfe glaubt Schöndeling eine solche Anreicherung des Kondensats an gebundenem

---

[1]) Die betr. Patentschrift fehlt mir; ich zitiere deshalb die Beschreibung des Verfahrens von Schöndeling nach „Glückauf" 1919, S. 854.

Ammoniak herbeiführen zu können, daß sich bei der Verarbeitung durch Aufschluß und Destillation eine Wirtschaftlichkeit erzielen läßt.

Der Vorschlag Siegwarts (D. R. P. 276 272) geht dahin, die Wärme des Kokses zur Erzeugung von Wassergas auszunutzen, was an sich auch vorhin bekannt war; er schlägt deshalb vor, den Koks in einen mit feuerfester Masse ausgekleideten fahrbaren Koksbehälter zu drücken, dessen unterer Entleerungsdeckel dicht verschlossen wird, und in den man von unten zum Ablöschen von Koks Dampf einleitet. Beim Streichen des Dampfes durch die glühende Koksfüllung soll diese gelöscht und zugleich Wassergas gebildet werden, das, mit Dampf gemischt, durch einen an dem Behälter angebrachten Anschluß austritt und in eine Vorlage strömt, von wo aus das gewonnene Wassergas durch eine Wassertauchung abgesaugt und der Dampf niedergeschlagen wird. Gegen dieses Verfahren spricht der große Zeitaufwand, der mit einer derartigen Löschweise verbunden sein würde, sowie der Umstand, daß der Wassergaserzeugung nur ein kleiner Teil der Kokswärme zugute kommen würde, da die Temperaturen unterhalb 800° C kaum für Wassergasreaktionen in Betracht kommen würden.

Schlemming hat seinerzeit in Bonn versucht, die Gluthitze des Kokskuchens in gußeisernen, unter den Retorten eingebauten Stickgefäßen mittels Einblasens von Wasserdampf ebenfalls für Wassergasbildung auszunutzen, und führte in Stickgefäße Wasserdampf ein, um das dabei bis zu einer gewissen Periode gewonnene Wassergas dem Leuchtgas zuzusetzen. Die Löschung des Kokses durch Wasserdampf ergab sich aber als zu kostspielig, so daß dieses Verfahren bald wieder aufgegeben worden ist. Das Gaswerk Bonn löscht seitdem ebenso wie das Gaswerk Bernburg den Koks in schmiedeeisernen Gefäßen durch Wasserberieselung, d. h. es wird nur eine gewisse Zeit der Koks berieselt, und derselbe dann durch den erzeugten Dampf völlig gelöscht; die Stickgefäße werden aber stark beansprucht und haben infolgedessen in Bonn eine verhältnismäßig nur kurze Lebensdauer. Ferner zeigte das Löschen in den Stickgefäßen (ebenfalls in Bonn) den Übelstand, daß die beim Löschen sich entwickelnden Dämpfe und Gase aus den ständig undichten Stickgefäßen heraustreten und die Eisenkonstruktion des Ofenbaues angreifen, so daß auch hier bereits des öfteren Reparaturen notwendig geworden sind.

Die Zuidergasfabrik in Amsterdam verwendet die Löschwärme des glühenden Kokses zur Überhitzung von Wasserdampf für die Wassergaserzeugung in senkrechten Retorten. Die mittlere Temperaturabnahme des Kokses beträgt 380°, die mittlere Dampfüberhitzung 227°. Von der vom Koks abgegebenen Wärme werden 50,37% als überhitzter Dampf, 25,76% als Wassergas gewonnen. Es werden mit 397 kg Dampf in $5^1/_2$ Stunden 740 kg Koks gelöscht. Die Wassergaserzeugung in senkrechten Retorten wird durch die Überhitzung gesteigert, das Wassergas verbessert. Die Anwendung dieser Arbeitsweise ist jedoch nur auf diejenigen Leuchtgasanstalten beschränkt, in welchen Wassergas dauernd hergestellt werden muß, und ist keineswegs als eine Lösung des Problems zu betrachten.

Ein Vorschlag von Thau[1]) geht dahin, den in einem geschlossenen Löschraum abgefangenen Dampf mit oder ohne Zwischenschaltung eines Dampfspeichers und Überhitzers einer Anzahl von Koksöfen, deren Garungszeit bereits ziemlich vorgeschritten ist, durch einen Sohlkanal mit Durchbrüchen in der Sohle in die Beschickung einzuführen, um ihn auf diese Weise zur Erhöhung der Ammoniakausbeute zu verwerten. Es brauchen nur so viele Ofenkammern einer Kokerei in dieser besondern Weise hergerichtet und mit Löschdampfanschlüssen versehen zu werden, wie der Menge des durchschnittlich erzielten Löschdampfes entspricht. Diese Anordnung erfordert keine besondere Bedienung und keine trennbaren Anschlüsse; das Löschen selbst wird nicht erschwert und der Löschdampf ohne Inanspruchnahme umfangreicher und teuerer Anlagen nutzbringend verwendet, wobei auch keine Abhängigkeit anderer Betriebe von dieser Energiequelle besteht. Von einer praktischen Durchführung dieses Vorschlages hörte man bislang noch nichts.

Wie man aus dem obigen sieht, ist eine zufriedenstellende Lösung für die Verwertung dieses beim nassen Löschen des Kokses entstehenden niedriggespannten, an mechanischen und chemischen Verunreinigungen reichen Dampfes bislang nicht gefunden worden.

Man versuchte auch die Kokswärme zu gewinnen, ohne daß das Wasser zum Kühlen bzw. Löschen des Kokses in Anspruch genommen wurde. (Vgl. folgenden Abschnitt IVb).

---

[1]) „Glückauf" 1919, S. 855.

b) Vorschläge für die Verwertung der Kokshitze beim Trockenlöschverfahren bzw. bei Weiterverwendung des Kokses in glühendem Zustande.

Es wurde empfohlen, die Koksöfen strahlenförmig um die Hochofenglocke[1]) anzuordnen und den heißen Koks nach Bedarf unmittelbar in den Hochofen zu drücken. Dieser Gedanke würde sich, was die Ausnutzung der Höhenlage angeht, vielleicht bei entsprechender Geländebeschaffenheit verwirklichen lassen, bei der man den Hochofen vor einen gleich hohen Abhang setzen und ihm den ungelöschten Koks aus den auf dem Abhang erbauten Öfen mit Hilfe von Spezialwagen nach Bedarf zuführen könnte.

Annehmbarer erscheint schon der Vorschlag[2]), den Koks in eiserne Kammern zu drücken, die in der Form denen der Öfen entsprechen, die gut isolierten Kammern dicht zu verschließen, mit Schrägaufzug auf den Hochofen zu befördern und dort zu entleeren. Jedenfalls bietet dieser Vorschlag nach dem heutigen Stande der Technik keine unüberwindlichen Schwierigkeiten. Selbst wenn es gelänge, die im Koks enthaltene Wärme in dieser Weise (entsprechend den beiden obigen Vorschlägen) für den Hochofen nutzbar zu machen, wäre damit diese Aufgabe doch erst für den weitaus kleineren Teil der Kokereien, nämlich nur für die auf den Hütten stehenden, gelöst.

Ein weiterer Vorschlag geht dahin, den Koks in Kammern zu drücken, die der Ofenform entsprechen, und diese Kammern an die Kühlgaszuführungen anzuschließen. Die Herstellung der Anschlüsse bei jeder Beschickung erschwert jedoch die praktische Verwertung dieses Vorschlags. Erst vor kurzem ist in Deutschland ein aus England kommender Vorschlag patentiert worden, wonach unterhalb der Vertikalretorten der Gaswerksöfen Kühlkammern mit Wassermänteln angebracht werden. Wegen der hohen Baukosten solcher Öfen (große Bauhöhe), sowie der Kosten der vielen Kühlkammern (auf je eine Retorte eine Kühlkammer) verliert dieser Vorschlag jede praktische Bedeutung.

Walch[3]) will die an den Koksöfen bereits vorhandenen Wärmeaustauschvorrichtungen für die Verwertung der Kokshitze ausnutzen. Er schlägt deshalb vor, die heißen Koks-

---

[1]) „Glückauf", 1919, S. 853.
[2]) „Glückauf", 1919, S. 853.
[3]) D. R. P. 275 436.

massen mittels heißer Koksofengase in der Weise vorzukühlen, daß letztere nacheinander die Wärmeaustauschvorrichtung, unter Abgabe eines Teiles ihrer Wärme an diese, darauf den zu kühlenden Koks unter Wärmeaufnahme aus diesem und dann wieder die Wärmeaustauschvorrichtung durchziehen.

Da nach diesem Verfahren der gekühlte Koks, entsprechend der Anfangstemperatur der Kühlgase von etwa 200 bis 300°C, immer noch eine mittlere Temperatur von etwa 400°C haben wird, der Koks also, wenn er dem Wind ausgesetzt würde, nochmals aufflammen könnte, so soll er nachher in besondere Kammern gedrückt werden, in welchen er vor der Außenluft geschützt ist. Diese Kammern können in bekannter Weise fahrbar eingerichtet sein, um mit Hilfe derselben den noch warmen Koks unmittelbar im Hochofen zu vergichten. Kommentare scheinen überflüssig zu sein.

Die Firma Pintsch A.-G. führt eine teilweise Verwertung der im Koks enthaltenen Wärme durch, indem in die zum Beheizen von Leuchtgaserzeugungsöfen eingebauten Oxydgaserzeuger (Generatoren) glühender Koks eingeführt wird. Da jedoch in den Generatoren nur etwa 20% der gesamten Kokserzeugung verfeuert werden und die Durchführung dieses Verfahrens nur für Gasanstalten (und lange nicht für alle Gasanstalten) in Frage kommt, so kommt eine weitere Besprechung dieses Verfahrens, welches von mir nur vollständigkeitshalber erwähnt wurde, nicht in Betracht.

Die Wärmeverwertungsgesellschaft m. b. H. in Siemensstadt bei Berlin, sowie Semmler in Wiesbaden haben sich mehrere Verfahren (D. R. P. 276 982, 279 950, 304 025, 304 747, 304 748 und 305 216) schützen lassen[1]), nach denen der Koks trocken gekühlt wird. Man drückt ihn zu diesem Zweck in doppelwandige, den Retortenmaßen entsprechende Eisen- oder Stahlkammern, in denen seine Kühlung unter vollständigem Luftabschluß dadurch erfolgen soll, daß zwischen die Doppelwände Wasser gepumpt und unter genügend hohem Druck gehalten wird, um eine Dampfbildung in diesen Hohlräumen zu vermeiden. In den Kreislauf des Wassers ist nach seinem Austritt aus den Doppelwänden ein besonderer Kessel eingeschaltet, in dem durch die Verminderung des Druckes der nutzbar zu machende Dampf gebildet werden soll. Es ist jedoch damit zu rechnen, daß durch Versagen der Pumpe oder durch eine Undichtigkeit der Wasser-

---

[1]) Nach Thau in „Glückauf" 1919, S. 854.

druck in der Doppelwand zurückgehen und bereits hier eine Dampfbildung eintreten könnte. An der betroffenen Stelle würde sich dann die Innenwand so erwärmen, daß ein Zerplatzen der Kammer möglich wäre. Demgemäß geht ein weiterer Vorschlag dahin, an Stelle des Wassers eine hochsiedende Flüssigkeit unter normalem Druck durch die Doppelwände zu pumpen, wobei die Kühlflüssigkeit in geschlossenem Kreislauf durch einen Wärmeaustauscher geführt wird, der, in einem Dampfkessel angeordnet, die aufgenommene Wärme an das Wasser abgeben und so hoch gespannten Dampf erzeugen soll. Bezüglich der weiterhin erwähnten Anwendungsmöglichkeiten und der angegebenen Hilfsvorrichtungen möge auf die oben erwähnten Patentschriften verwiesen werden. Trotzdem die Patente schon vor vielen Jahren erteilt wurden, hörte man bislang **nichts** von einer praktischen **Verwertung** derselben.

Gegenstand einer anderen Erfindung[1]) bilden **bewegliche Klappen**, die beim Herausdrücken des Kokskuchens in horizontale, den Koksofenkammern angepaßte Behälter den oberhalb des Kokskuchens entstandenen Raum so abschließen, daß die Gase gezwungen sind, **durch die Koksmasse** (und nicht **um** dieselbe) zu strömen, wodurch die Kühlung der Koksmasse intensiver wird.

Alle diese Verfahren brachten nicht die gewünschte Lösung des Problems.

c) Wärmeverwertungsvorschläge bei trockener Kokskühlung mit indifferenten Gasen.

Erst unter Zuhilfenahme der **indifferenten** Gase als Kühlmittel konnte man der Lösung des Problems der rationellen Kühlung des Koks mit Verwertung der in ihm enthaltenen Glut näherkommen.

Wunderlich[2]) hat vorgeschlagen, vor oder hinter einem Retorten- oder Kammerofen oder auch unter einem Vertikalofen dampfkesselartige Gebilde anzuordnen, wie dieselben in der Abb. 7 (Seite 29) gezeigt sind. Die schräge Lage der Kessel erhält die Zugänglichkeit zu den Putzöffnungen der Rauchkanäle, überhaupt zu der Ofenwand. Der untere Deckel des Kessels,

---

[1]) D. R. P. 287 043.
[2]) Österreichisches Gasjournal 1917, Heft 16, S. 228; Feuerungstechnik, Jahrg. VIII (1919), S. 48; Gas- u. Wasserfach 1921, Heft 43, S. 703.

welcher mit dem üblichen Morton-Verschluß versehen sein kann, bleibt während der Füllung geschlossen. Der obere kann etwa in der Art der Wassergasgeneratordeckel aufgeschliffen sein. Wird ein solcher Abhitzekessel gut isoliert, so kann mit ihm der größte Teil der Wärme des Kokskuchens zurückgewonnen werden. Allerdings wird die Wärmeabgabe ziemlich lange dauern. Um dies zu vermeiden und überdies alle Wärme gewinnen zu können, leitet Wunderlich mittels des Rohres 6 kalte Gase unter die Kokssäule und führt sie erhitzt durch das Rohr 2 (Abb. 7) unter einen zweiten Abhitzekessel, um hier noch einmal Dampf zu machen. Für diesen Zweck werden die Verbrennungsprodukte des Kokses verwendet, welche sich während der Kesselfüllung oberhalb der Koksschicht ansammeln. Auch wird nicht sofort mit dem Durchblasen der Gase

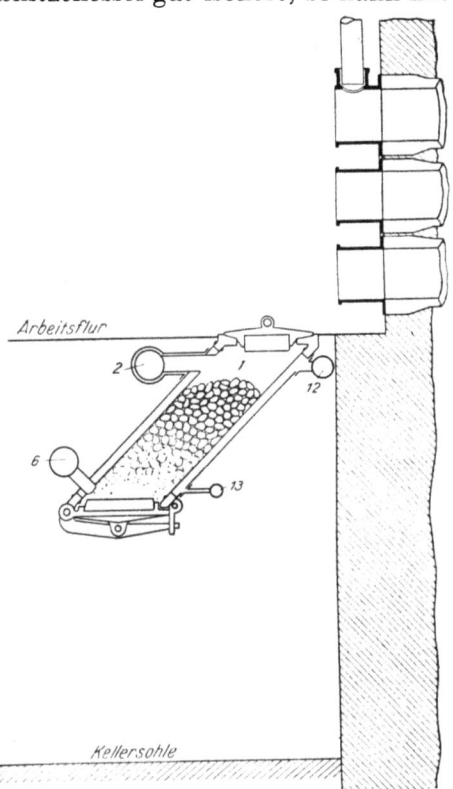

Abb. 7. Kokskühlung nach Wunderlich.

begonnen werden, denn zuerst verursacht der noch stark glühende Koks allein eine rege Dampfbildung, und erst wenn diese nachgelassen hat, die Glut herabgegangen ist und im Kuchen vielleicht noch eine Wärme von etwa 500 bis 600°C vorhanden ist, wird mit dem Durchblasen der Rauchgase begonnen werden und damit die letzte Wärme herausgeholt.

Die Leitung 6 ist nur mit Wärmeschutzmasse isoliert, während die Heißgasleitung 2 einen Wassermantel trägt, der natürlich ebenfalls isoliert ist, wie überhaupt alle Teile sehr gut isoliert sein müssen, um eine recht große Wärmeausnutzung erzielen zu können. *12* ist die gemeinschaftliche Dampfleitung, *13* eine ebensolche Speiseleitung bzw. Wasserausgleichsleitung unter den einzelnen Kesseln, weil Wasser nicht zugespeist zu werden braucht, sondern nur ein Wasserspiegelausgleich in den Kesseln herbeizuführen ist.

Für einen Neunerofen werden z. B. drei der beschriebenen Kessel vorgeschlagen, so daß jeder derselben etwa alle 3 Stunden beschickt werden kann. Der Koksrest kommt, wie üblich, in den Generator.

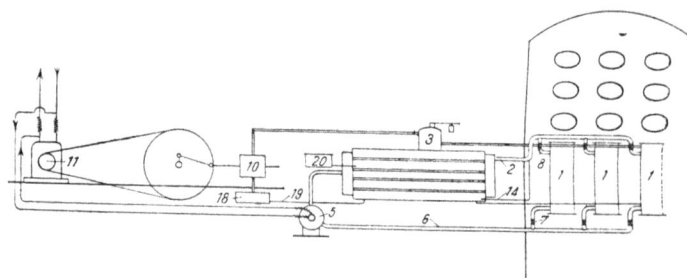

Abb. 8. Kokskühlung nach Wunderlich.

Abb. 8 zeigt das Zusammenarbeiten der Kessel. Wir sehen drei der beschriebenen Kessel *1* vor einem Neunerofen aufgestellt, die gemeinschaftliche Heizgasleitung führt zu einem weiteren Abhitzekessel *3*, der gleichzeitig den gemeinschaftlichen Dampfsammler für alle Kessel bildet. Die heißen Gase durchziehen diesen Kessel, erzeugen weiteren niedergespannten Dampf und gehen, kühler geworden, durch Leitung *5* unter die Kessel *1* zurück, und so fort im Kreislaufe, bis der Kokskuchen ganz schwarz geworden und heruntergekühlt ist.

Die Kreislaufbewegung der Gase leitet ein gekühlter Ventilator *5* ein.

Der Kessel *3* ist nicht, wie gezeichnet, mit einfachen glatten Siederohren ausgerüstet, sondern besitzt einen, eine große Heizfläche bildenden und besonders für den Zweck entworfenen Rohkörpereinbau aus dünnwandigen Rohren.

Einfache Klappenverschlüsse *7* und *8* schließen die einzelnen Kessel *1* während der Beschickung mit Koks von den Leitungen *2* und *6* ab. Sie werden vom Arbeitsflur aus gemeinschaftlich gesteuert. Klappe *8* ist wassergekühlt. *12* ist die gemeinschaftliche Dampfleitung und *13* die Wasserausgleichsleitung, *14* die Kühlwasserleitung zum Heißgasrohr *2*, während *20* ein Behälter ist, aus welchem mittels Schwimmer der Wasserstand in allen Kesseln gleich gehalten wird.

Jeder Kessel ist für sich abstellbar; ein gemeinschaftliches Standrohr dient, etwa wie solche bei Niederdruckdampf-Heizanlagen in Verwendung kommen, als Sicherheitsventil.

Vom Kessel *3* geht der gesammelte Dampf durch das Rohr *9* zu einer Abdampfmaschine *10* oder einer solchen Turbine, welche die in Kraft umgewandelte Wärme durch den Stromerzeuger *11* in Elektrizität weiter umwandelt. Der Strom wird in Akkumulatoren geschickt und von da weiter verwendet.

Wenn auch die Beschickung der Kessel *1* ziemlich gleichmäßig erfolgen kann, so müssen doch wegen der ungleichmäßigen Belastung der Ofenanlage die Tourenzahlen der Maschine *10* zwischen weite Grenzen gelegt werden, denn der erzeugte Dampf muß fortlaufend ganz ausgenützt werden, und nachdem die nur wenige Meter Wassersäule betragende Dampfspannung nicht geändert werden kann, wird die Tourenzahl geändert werden müssen. *18* ist der Kondensator, aus dem das Kondenswasser der Abdampfmaschine durch die Leitung *19* in die Kessel zurückgedrückt wird.

Die Vorschläge von Wunderlich, der sich mit der Materie schon längere Zeit intensiv befaßt, sind sehr interessant. Ob seine Vorschläge sich **praktisch** durchführen lassen, möchte ich **bezweifeln**. Es müßten für diesen Zweck ganz tiefe Keller hergestellt werden; schon bei mittleren Gaswerken müßten danach eine große Anzahl von Kesseln nach Abb. 7 errichtet werden. Wunderlich[1] selbst sagt: „Jedenfalls wird zur Verbilligung der Anlage eine möglichst geringe Zahl von Kesseln anzustreben sein." Und weiter: „Es müßte wohl vor jedem Ofen ein Kessel stehen, was so ziemlich auch das richtigste sein dürfte." Man sieht, daß auch in diesem Falle eine reichlich große Anzahl Kessel in Betracht kommen. Der praktische Betrieb bietet ebenfalls Schwierigkeiten, da in jedem einzelnen Kessel, abgesehen von der großen Zahl derselben, die Einschaltung bzw. die Umschaltung der Rauchgase zu verschiedenen Zeitpunkten geschehen muß. Auch werden die Anlagekosten so bedeutend werden, daß die ganze Rentabilität des Verfahrens in Frage kommen dürfte.

---

[1] Gas- und Wasserfach 1921, Heft 43, S. 703.

32 Vorschläge zur Verwertung der Kokshitze.

Ferner kann ich mir nicht vorstellen, wie dieser Vorschlag in Kokereibetrieben mit ihren verschiedenartigsten Kokslöschplätzen und -fördereinrichtungen durchgeführt werden kann.

Die von Wunderlich eifrig betriebene Propaganda für die Idee der Nutzbarmachung der Kokswärme war jedenfalls sehr verdienstvoll. Es fehlte aber nur ein Schritt vorwärts, um das Problem der praktischen Lösung näher zu bringen. Diesen Schritt machte die Schweizer Maschinenfabrik Gebrüder Sulzer, Aktiengesellschaft in Winterthur, und erzielte eine wirklich praktisch erprobte und erwiesene Lösung des Problems. Auch Sulzer verwendet indifferente Gase zum Kühlen des Kokses, kommt aber dabei mit einem Behälter für glühenden Koks aus. Das System ist sowohl für Gaswerksöfen als auch für Kokereiöfen verschiedenster Systeme anwendbar.

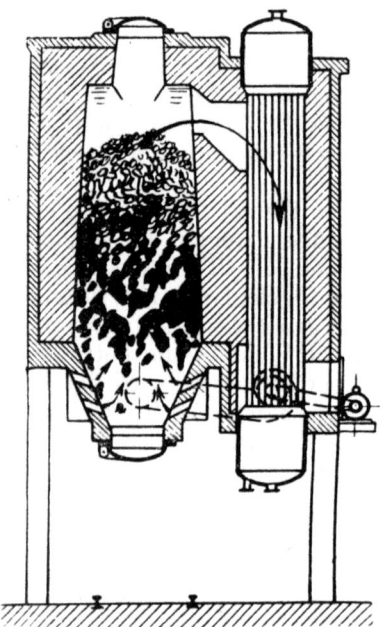

Abb. 9. Schematische Darstellung des Verfahrens der Trockenkokskühlung, System Gebr. Sulzer A.-G., Winterthur.

Das patentierte Verfahren (D. R. P. und Auslandspatente) der trockenen Kokskühlung mit Verwertung der Koksglut, System Gebrüder Sulzer, Aktiengesellschaft in Winterthur (schematisch in der Abb. 9 dargestellt), besteht in folgendem:

Der aus den Retorten oder Kammern gezogene glühende Koks wird mittels eines Windwerkes, das den Kokskübel hochzieht, in einen schachtförmigen, luftdicht abgeschlossenen Behälter abgelassen; unmittelbar an den Koksbehälter schließt sich ein Dampfkessel an. Mittels eines Ventilators werden die innerhalb der Anlage (Koksbehälter, Dampfkessel, Rohrleitungen) befindlichen heißen Gase in Umlauf gesetzt. Die Gase stellen ein indifferentes Gasgemisch dar. Dieses indifferente Gasgemisch wird durch die relativ geringe Luftmenge gebildet, die den hermetisch abgeschlossenen Behälterraum anfüllt und ihren Sauerstoffgehalt beim ersten Durchstreichen durch den glühenden Koks in Kohlensäure umsetzt, so daß es stets das gleiche unverbrennbare Gas ist, das im Koksbehälter die Wärme aufnimmt und am Kessel unter **gänzlicher Vermeidung jeglicher Leitungen** wieder abgibt. Das Gasgemisch bleibt also ohne Zusatz von Frischluft beständig in demselben Kreislauf. Speisewasser und Heizgas strömen in entgegengesetzter Richtung. Der gekühlte Koks wird von Zeit zu Zeit in Rollwagen abgelassen.

Für das obige Verfahren ist ferner noch folgendes kennzeichnend.

Die Temperaturdifferenz zwischen den beiden Austauschkörpern (Kokssäule im Kühlschacht und der Dampfkessel bzw. ein anderer wärmeaufnehmender Körper) nimmt nun von Füllung zu Füllung ständig ab, so daß, wenn nichts anderes geschehen würde, auch der sekundliche Wärmeübergang an das Wasser sich allmählich verkleinern müßte. Um dies zu verhindern, d. h. um die Wärmeabgabe an das Wasser möglichst konstant zu gestalten, wird gemäß der Erfindung die Umlaufsgeschwindigkeit der Kühlgase so geregelt, daß die der Koksfüllung abgenommene und den Gefäßwänden bzw. dem Wasser zugeführte sekundliche Wärmemenge mit abnehmender Kokstemperatur annähernd gleichbleibt. Dies wird erreicht mittels eines Ventilators mit **veränderlicher Tourenzahl**. Der Ventilator kann eine von der Temperatur der Gase abhängige Regelungsvorrichtung erhalten.

Der glühende Koks wird im trockenen Verfahren auf ca. 250° C herunter gekühlt; durch die frei werdende Wärme kann entweder Dampf von jedem üblichen Betriebsdruck oder heißes Wasser erzeugt werden.

Beinahe zweijährige Versuche, über die noch weiter unten ausführlich berichtet wird, beweisen, daß der von Sulzer eingeschlagene Weg tatsächlich der richtige ist.

Jetzt, wo die praktische Lösung des Problems der trockenen Kokskühlung tatsächlich gelungen ist, fehlt es natürlich nicht an weiteren Vorschlägen. So ist z. B. erst vor kurzem (Anfang dieses Jahres) noch ein folgender Vorschlag bekannt geworden:

Aus dem Koksofen a (Abb. 10 auf S. 34) wird der Koks in den Behälter b gedrückt, der seitlich ausgemauert ist und dessen Rauminhalt dem einer Ofenkammer entspricht. Der mit heißem Koks gefüllte Behälter b wird von dem Kran o erfaßt und in eine Kühlgrube c gehängt, wobei der Behälter b mittels des Ansatzes e auf einem entsprechend vorgesehenen Absatz der Grube d ruht. Die Kühlgrube d wird von dem Kran c aus mit einem schweren Deckel f oben gasdicht abgeschlossen. Durch gleichzeitiges Öffnen der Ventile wird durch die Leitung g mittels des Ventilators k Abgas der Heiz-

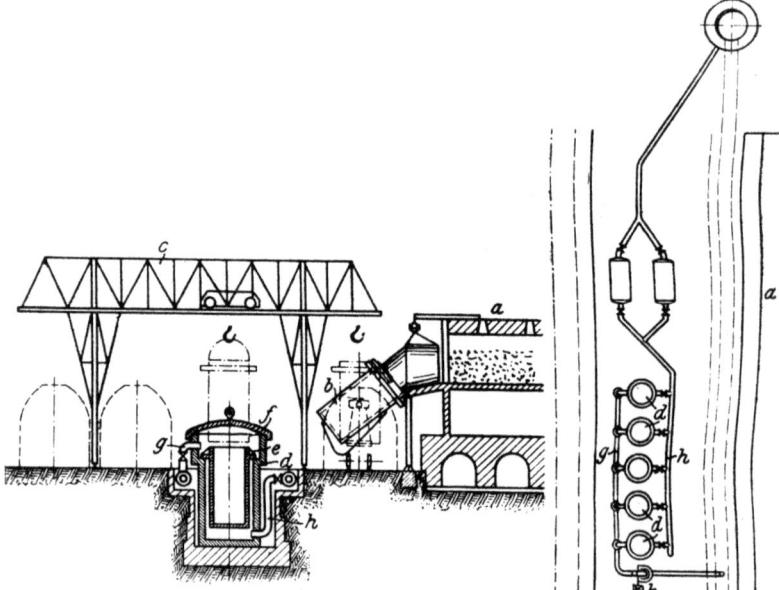

Abb. 10. Vorschlag für eine Anlage zum Kühlen von Koks aus Koksöfen. (Vgl. S. 33.)

kanäle des bzw. der Koksöfen in den Behälter b gedrückt. Infolge luftdichten Abschlusses des Ringes e zwischen Koksbehälter b und Kühlschacht d werden die Gase gezwungen, den heißen Koks zu durchstreichen und durch den Siebboden des Koksbehälters b wieder durch die Leitung h auszutreten und eine Kesselgruppe i zu durchströmen bzw. ihre Wärme für andere Heiz- oder Trockenzwecke abzugeben.

Nach der Kühlung des Kokses wird der Deckel f abgehoben und der Behälter b mittels des Laufkranes c herausgezogen und durch Kippen auf eine Siebvorrichtung entleert. Die **Zahl der erforderlichen Koksbehälter b wie auch** der Löschgruben d richtet sich nach der Größe der zu bedienenden Koksofengruppe. Zur Vermeidung von Wärmeverlusten werden die Gase von oben nach unten durch den Koks geleitet.

Schon ein Blick auf die komplizierte Abb. 10 mit der Krananlage, mehreren Koksbehältern, ebenso vielen Löschgruben, Rohrleitungen, Rohranschlüssen usw. ruft **nicht unberechtigte Zweifel** an der praktischen Durchführung bzw. Rentabilität einer solchen Anlage hervor.

d) Verwertung der Koksglut in den kontinuierlichen Leuchtgaserzeugungsöfen.

Abseits von den soeben besprochenen Vorschlägen steht die Koksabkühlung in kontinuierlichen (stetig betriebenen) vertikalen Leuchtgaserzeugungsöfen.

In den kontinuierlichen Leuchtgaserzeugungsöfen verläßt der Koks den Destillationsraum ebenfalls in einem kalten Zustande. Die dem glühenden Koks innewohnende Wärme wird in diesen Öfen für die Erzeugung von Wassergas in dem Destillationsraum selbst und, wie behauptet wird, zum Teil auch zur Unterstützung des Destillationsprozesses ausgenutzt. Letzteres sollte eigentlich in geringeren Unterfeuerungszahlen der kontinuierlichen Öfen gegenüber den sonstigen Leuchtgaserzeugungsöfen seinen Ausdruck finden; ich habe jedoch in der Fachliteratur bis jetzt keine Bestätigung dieser Vermutung finden können.

Die kontinuierlichen Öfen stammen aus England. Die ersten Versuche damit wurden im Jahre 1903 ausgeführt, doch konnten einigermaßen befriedigende Resultate erst im Jahre 1908 verzeichnet werden. In Deutschland sind solche Öfen erst in den letzten Jahren und nur vereinzelt (soweit mir bekannt ist, nur auf zwei Gaswerken) errichtet worden. Der in dieser Art der Öfen erzeugte „Koks[1]) ist nicht so dicht wie gewöhnlicher Gaskoks, da er während der Bewegung der Schwellung folgen kann, während der Gaskoks oder der in den Kokereien erzeugte Hüttenkoks dadurch, daß seine Ausdehnung verhindert wird, ein festes Gefüge erhält. Das Hektolitergewicht beträgt daher beim Koks aus der kontinuierlichen Entgasung nur 40 kg gegenüber 55 kg beim gewöhnlichen Retortenkoks". Ein solcher poröser Koks

---

[1]) Strache, Gasbeleuchtung und Gasindustrie, Braunschweig 1913, Fr. Vieweg & Sohn, S. 363.

findet in England Verwendung im Hausbrand (in Kaminen), während in Deutschland die Verwendung von weichem Koks für diese Art der Beheizung der Wohnräume kaum in Frage kommen kann.

Ich bin kein Anhänger des kontinuierlichen Ofens für Leuchtgasherstellung, weil man hier, besonders bei den heutigen Kohlenverhältnissen, vor Überraschungen weniger geschützt ist, als bei anderen Öfen mit geringerer Bauhöhe, und außerdem den erzeugten weichen Koks nicht gut absetzen kann. Aber abgesehen davon muß beachtet werden, daß man bei den kontinuierlichen Öfen direkt **gezwungen** ist, Wassergas zu fabrizieren (und so wird gewissermaßen aus der Not eine Tugend gemacht), während sonstige Wassergasherstellung nach meiner Ansicht mehr für Deckung von Spitzenleistungen bzw. in überlasteten Betrieben in Betracht kommt. Die Ansichten über die Wirtschaftlichkeit und Zweckmäßigkeit der Wassergaserzeugung im Destillationsraum selbst gehen auseinander; entsprechend den Ansichten vieler Fachleute wird die Wirtschaftlichkeit stark in Frage gestellt. Allerdings stellen manche Konstruktionen der kontinuierlichen Öfen bewundernswerte Leistungen dar und legen Zeugnis von einer erstklassigen technisch-konstruktiven Erfindertätigkeit ab. Da jedoch **auch hier der Koks mit Wasser** abgelöscht wird, so sind die eben durch diese Löschart bedingten Mängel nicht von der Hand zu weisen. Außerdem verliert diese Art der Kokskühlung, die auch sonst nur eine **halbe Maßnahme** darstellt, schon dadurch an Bedeutung, daß sie sich im **Kokereibetrieb nicht anwenden** läßt. Ich bespreche diese Art nur, um Lücken zu vermeiden.

Man ersieht aus obigen Betrachtungen, daß bis heute die **beste Lösung des Problems die trockene Kokskühlung, System Gebrüder Sulzer, Winterthur,** darstellt. Da ferner in einer nach diesem System erbauten Versuchsanlage bereits beinahe 2 Jahre gearbeitet wird und verschiedene Erfahrungen sowie Versuchs- und Betriebsresultate vorliegen, während über **praktische** Erfahrungen bei allen anderen diesbezüglichen Vorschlägen in der Fachpresse nichts verlautet, so werde ich mich mit der Sulzerschen Kokskühlanlage im nächsten Abschnitt noch eingehend befassen, um so mehr, als diese Anlagen sich, wie bereits oben erwähnt, sowohl für Kokereibetriebe als auch für verschiedenartigste Gaswerksbetriebe (Retortenöfen, Kammeröfen, Schrägkammeröfen usw.) anwenden lassen.

V. Anwendung der Sulzerschen Kokskühlanlagen bei verschiedenen Ofensystemen.

Das Trockenkokskühlverfahren läßt sich bei den verschiedensten Koks- und Gasofensystemen anbringen, und zwar sowohl bei Neubauten als auch bei bestehenden Anlagen.

In den Abb. 11 bis 14 (Seite 37—41) sind einige Beispiele für die Anordnung von Trockenkokskühlanlagen, System Gebrüder Sulzer, bei verschiedenen Ofensystemen gegeben.

Abb. 11 (Seite 38) zeigt eine Kokskühlanlage für eine Tagesproduktion von 25 Tonnen Koks, die einer Horizontalretortenbatterie entnommen werden. Der glühende, aus den Retorten ausgestoßene Koks wird in einem fahrbaren Kübel k aufgefangen und zum Aufzug 1 gebracht. Hier wird der Kübel durch eine elektrische Winde hochgezogen, automatisch gekippt und in den Kühlbehälter entleert. Nach der Kühlung wird der Koks durch die oben erwähnte Entleerungsapparatur m in den Transportkübel abgezogen, worauf er über eine Schrägbahn zur Sortieranlage p gefördert wird.

Für eine größere Koksproduktion ist die in Abb. 12 (Seite 39) angedeutete Anlage vorgesehen. Hier werden in einer Gasanlage von 15 Vertikal-Retortenöfen, die in zwei Batterien von 5 Öfen nebeneinander aufgestellt sind, 100 Tonnen Koks pro Tag erzeugt. Unter Ausschaltung teurer Handarbeit ist weitestgehende Rücksicht auf eine automatische Beschickung der Kühlanlage mit glühendem Koks genommen. Drei Retorten werden zusammen in den untergestellten und elektrisch fahrbaren Kübelwagen k entleert und zur elektrisch betriebenen Aufzugsvorrichtung transportiert. In Führungsschienen l gleitend, wird der Kübel durch die Winde d gehoben, in oberster Lage gekippt und entleert, um hierauf durch eine automatische Stromumschaltung gesenkt zu werden. Beim Wiederaufsetzen des Kübels auf den Unterwagen wird der Strom durch einen elektrischen Ausschalter unterbrochen, worauf der Kübel zu neuer Füllung wieder unter die Retorten gefahren wird. Die Füllöffnung des Kühlbehälters wird durch eine in ein Wasserbad eintauchende Haube g luftdicht abgeschlossen. Diese Abschlußhaube g, sowie die am Ende der Füllschurre e angebrachte Gleitschurre f werden vor dem Kippen des Kokskübels durch die Hubbewegung des letzteren in einfacher Weise mittels des Hebels i für den Füllvorgang automatisch betätigt, wodurch jede manuelle Bedienung der Füllöffnung auf dem Kühlbehälterpodest erspart wird.

38   Anwendung der Sulzerschen Kokskühlanlagen usw.

Der gekühlte Koks wird aus dem Kühlbehälter *a* mittels der Schurre *n* und der bekannten Transportorgane (Förderband, Schrägaufzug oder Brouwerrinne) weiterbefördert. Bei einem Koksanfall von 100 Tonnen im Tag werden mit dieser Kokskühlanlage stündlich 1300 bis 1700 oder pro Tag 30 000 bis 40 000 kg Dampf von 6 bis 10 Atm. Überdruck gewonnen. Im allgemeinen können die Beschickungsvorrichtungen für die Kühlanlagen entsprechend den kleinen Förderleistungen und Kräften mit verhältnismäßig geringen Kosten hergestellt und leicht den örtlichen Verhältnissen angepaßt werden.

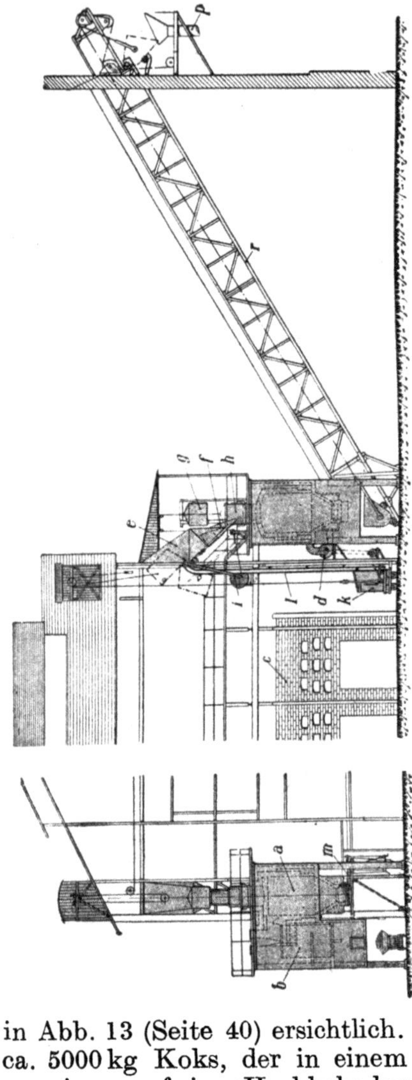

Die Anordnung einer Anlage für eine Schrägkammerofenbatterie mit einer Tagesproduktion von 200 Tonnen Koks ist in Abb. 13 (Seite 40) ersichtlich. Eine Kammerladung faßt ca. 5000 kg Koks, der in einem Klappkübel *k* aufgefangen von einem auf einer Hochbahn laufenden 12-Tonnen-Drehkran über die Öffnung des auf der Kokskühlanlage angeordneten Füll-

Abb. 11. Anordnung einer Trockenkokskühlanlage an einer Horizontalretortenbatterie. *a)* Kühlbehälter. *b)* Dampfkessel. *c)* Ofenbatterie. *d)* Ventilator. *e)* Fülltrichter. *f)* Gleitschurre. *g)* Abschlußhaube. *h)* Füllöffnung. *i)* Verdampfer. *k)* Kokskübel. *l)* Aufzug. *m)* Entleerungsvorrichtung. *r)* Schrägaufzug. *p)* Sortieranlage. (Vgl. S. 37.)

trichters *e* angebracht und entleert wird. Die Abschlußhaube *g* und die Gleitschurre *f* werden hier durch die Fahrbewegung des Kranes mittels eines einfachen Übertragungsmechanismus *n* für den Füllvorgang betätigt. Der gekühlte Koks wird in den unter die Entleerungstüre des Kühlbehälters gestellten Klappkübel abgelassen und von dem Drehkran in die am entgegengesetzten Ende der Ofenbatterie angeordnete Sortieranlage gefördert. Mit dieser Anlage können stündlich 2500—3500 kg Dampf von 6—10 at Überdruck erzeugt werden.

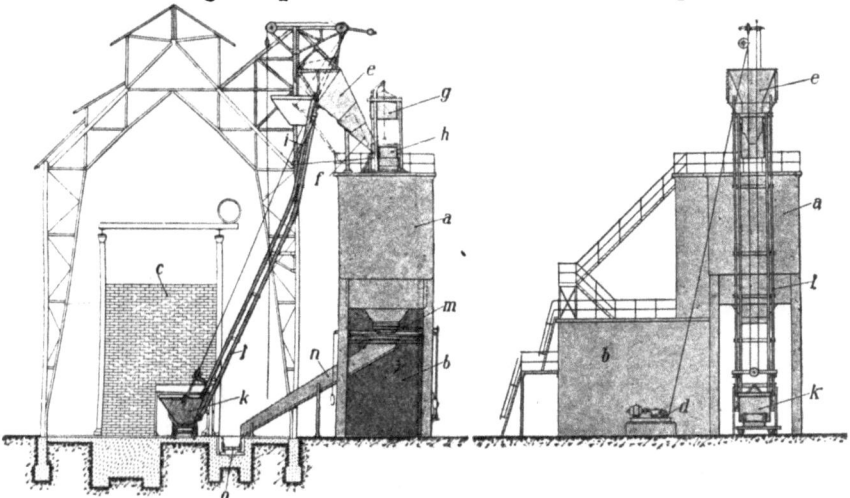

Abb. 12. Anordnung der Trockenkokskühlanlage an Vertikalretortenöfen.
a) Kokskühlbehälter. b) Dampfkessel. c) Vertikal-Retortenöfen. d) Elektrische Winde. e) Fülltrichter. f) Gleitschurre. g) Abschlußhaube. h) Füllöffnung. i) Ausstoßhebel. k) Transportkübel. l) Führungsschienen des Aufzuges. m) Entleerungsvorrichtung. n) Geneigte Entleerungsschurre. o) Brouwer-Rinne. (Vgl. S. 37.)

In der schematischen Abb. 14 (Seite 41) ist die Gesamtanordnung der von der Firma Gebrüder Sulzer, Aktiengesellschaft in Winterthur, erbauten Versuchsanlage für Trocken-Kokskühlung gezeigt, welche sich auf dem Gaswerk der Stadt Zürich in Schlieren beinahe seit 2 Jahren in Betrieb befindet. Diese Kühlanlage ist für eine Vertikalofenbatterie mit einer Tagesproduktion von ca. 25 t Koks gebaut.

O bedeutet die Retortenbatterie; K ist der Kühlbehälter, in welchen der glühende Koks nach Verlassen der Retorten eingefüllt wird. Das Füllen geschieht mittels besonderer eiserner Transportkübel T, welche auf Wagen von der Retortenbatterie bis zum Kühler gebracht, hier mittels der Winde A emporgehoben und in den Füllschacht des Kühlers entleert werden. Neben dem Kühlbehälter, mit diesem durch

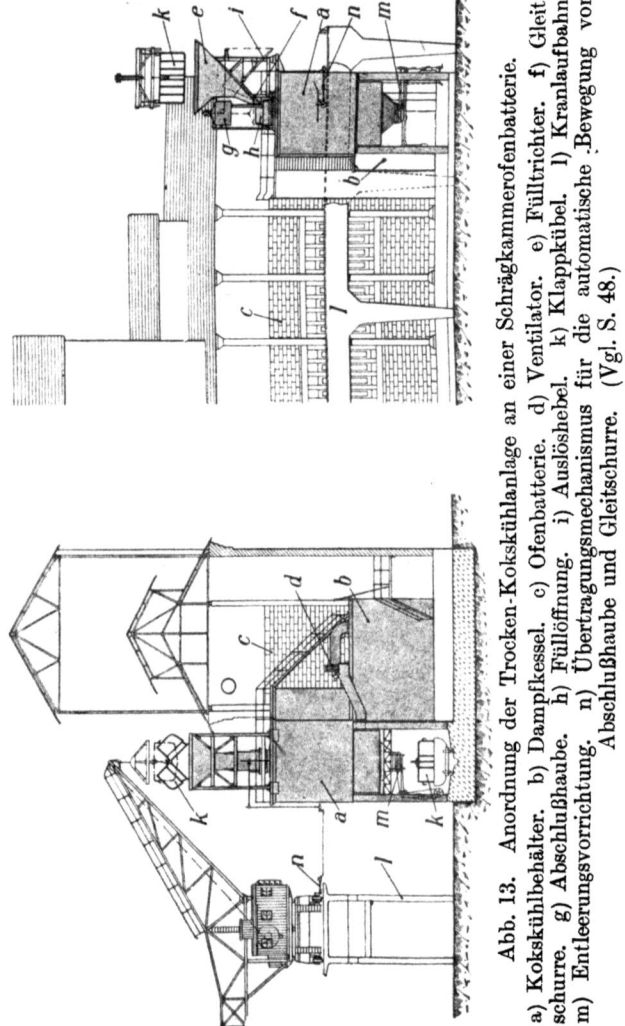

Abb. 13. Anordnung der Trocken-Kokskühlanlage an einer Schrägkammerofenbatterie. a) Kokskühlbehälter. b) Dampfkessel. c) Ofenbatterie. d) Ventilator. e) Fülltrichter. f) Gleitschurre. g) Abschlußhaube. h) Füllöffnung. i) Auslösehebel. k) Klappkübel. l) Kranlaufbahn. m) Entleerungsvorrichtung. n) Übertragungsmechanismus für die automatische Bewegung von Abschlußhaube und Gleitschurre. (Vgl. S. 48.)

gemeinsame Einmauerung vereinigt, befindet sich der Dampfkessel D. V ist ein durch den Motor M betätigter Ventilator besonderer Bauart, welcher den Kreislauf des Kühlgases besorgt.

Die Abb. 15 bis 17 (Seite 43—45) stellen photographische Aufnahmen der Versuchsanlage in Schlieren dar. In den Abb. 15 und 16 ist das Hochziehen des Kübels mit heißem Koks gezeigt, der dann durch Trichter in den Kühlschacht abgelassen wird, während die Abb. 17 die Entleerungsvorrichtung am Kühlschacht zeigt.

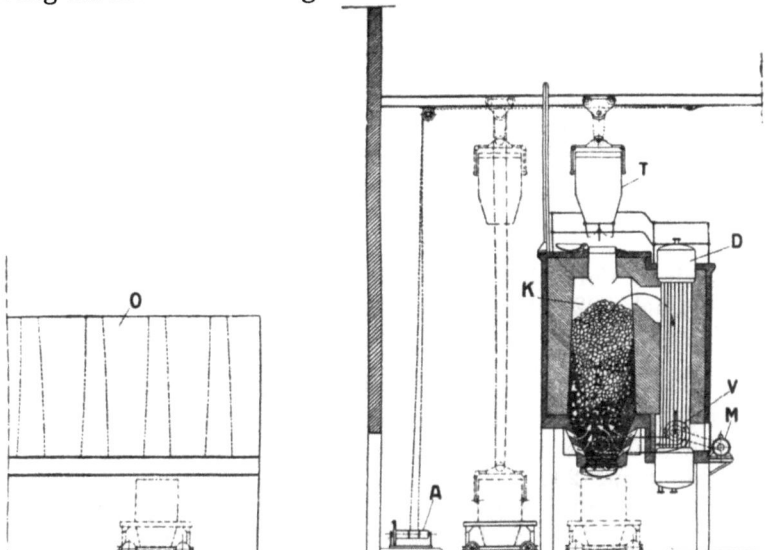

Abb. 14. Schematische Anordnung der Versuchsanlage für trockene Kokskühlung in Zürich-Schlieren. (Vgl. S. 39.)

VI. Versuchs- und Betriebsresultate der Kokskühlanlage in Schlieren bei Zürich.

Die bei Inbetriebsetzung der Schlierener Kokskühlanlage vorgenommenen Versuche ergaben folgende Resultate[1]:)

Tabelle 5.
Ergebnisse der Versuche bei der Inbetriebsetzung:

Versuchsdauer	$10^{1}/_{2}$ Stunden
Temperatur des Kokses beim Anfallen	1000—1100° C
Durchschnittliche Temperatur des gekühlten Kokses beim Verlassen des Kühlers	250° C
Gekühlte Koksmenge	11 200 kg
Erzeugte Dampfmenge von 7 Atm. eff. pro t gekühlten Kokses	320 kg
Temperatur des Speisewassers	12° C
Gewonnene in Dampf umgesetzte Wärmemenge pro kg Koks	208 Cal.

---

[1]) Gas- und Wasserfach 1921 Seite 205.

Versuchs- und Betriebsresultate der Kokskühlanlage usw.

Die während einer längeren Betriebsperiode festgestellten Resultate der Versuchsanlage in Schlieren (nach Notizen auf 120 Betriebstage zusammengestellt) sind in der folgenden Tabelle 6 gebracht.

Tabelle 6.
Betriebsresultate in Schlieren.

Mittlere täglich gekühlte Koksmenge	24 — 25 t
Temperatur des glühenden Kokses	1100 — 1000° C
Kessel für 8 at gebaut, betrieben mit	4 at. eff.
Mittlere Speisewassertemperatur	48 °C
Pro Tonne Koks verdampfte mittlere Wassermenge	405 kg
Pro kg Koks im Mittel nutzbar gemachte Wärmemenge	247 kcal
Zur Verdampfung von 1 kg Wasser notwendige Wärmemenge	610 kcal

Weitere Versuchs- und Betriebsresultate sind im Gas- und Wasserfach 1921, Heft 13, angegeben.

Einer neueren Betriebsstatistik des Gaswerkes Zürich sind die unten folgenden Ausführungen entnommen:

„Die Anlage[1]) war während 285 Tagen in Betrieb; gekühlt wurden 7630 t Koks, was einem Tagesdurchschnitt von 26 800 kg entspricht. Durch die Kühlung dieses Kokses wurden rund 2922 t Dampf gewonnen, was ein Mittel von 10 250 kg täglich ergibt. Die Speisewassertemperatur betrug rund 50° C, der Dampfdruck 6,4 at absolut. In letzter Zeit wurde der Dampfdruck durch Belastung der Sicherheitsventile auf 7,6 at absolut erhöht. Die Speisewassertemperatur ist infolge des Ausbaues der Abwärmeverwertungsanlagen der Generatoröfen auf rund 70° C erhöht worden.

Ein Abbrand des zur Löschung gelangenden Kokses konnte nicht festgestellt werden. Die Dampfproduktion war während der ganzen Betriebsdauer durchaus gleichmäßig. Ein Mehrverschleiß an Koks wurde nicht beobachtet. Der Koks ist wasserfrei, das Aussehen gut und grau. Der austretende Koks hat nach 3 Stunden Kühldauer ungefähr eine Temperatur von 200°. Die Transporteinrichtungen sind für die Probeanlage nur provisorisch gebaut worden.

Wesentliche Betriebsstörungen an der Kesselanlage sind bis jetzt keine eingetreten; ein Verrußen des Kessels tritt nicht ein. Störungen durch Flugasche wurden bis jetzt nicht festgestellt.

---

[1]) Mitteilung des Gaswerks Zürich vom 24. 2. 22.

Der Betrieb der ganzen Anlage verläuft einfach und sicher."

Höhn hat während seiner unter Mitwirkung der Direktion des Züricher Gaswerkes vorgenommenen Versuche an der von Gebrüder Sulzer Aktiengesellschaft, Winterthur, auf

Abb. 15. Hochziehen des gefüllten Behälters der Versuchsanlage Schlieren. (Vgl. S. 41.)

dem Gaswerk der Stadt Zürich in Schlieren erbauten Kokskühlanlage auch die Zusammensetzung der in der Kühlanlage im Kreislauf befindlichen indifferenten Gase bestimmt, die hier wiedergegeben werden.

Die aus den Ergebnissen von den 17 Orsat-Analysen und den 6 abgezogenen Gasproben zusammengestellten Maxima und Minima sind folgende (Kolonnen links).

44 Versuchs- und Betriebsresultate der Kokskühlanlage usw.

Tabelle 7.
Analysen des indifferenten Gasgemisches.

	Min. %	Max. %	Analyse 6 vor Abstich des kalten Koks.	Analyse 7 unmittelbar nach Einfüllen von glühendem Koks
Kohlensäure CO_2	11,0	16,0	14,1	11,4
Sauerstoff O_2	0	3,6	1,1	0,6
Kohlenoxyd CO	0,8	15,4	2,4	15,4
Schwere CH-Verbindungen . .	0	1,6	—	—
Stickstoff N_2	74,6	83,0	?	?

Abb. 16. Hochgezogener gefüllter Transportbehälter in der Versuchsanlage Schlieren. (Vgl. S. 41.)

Es geht daraus hervor, daß die den Kreislauf beschreibenden Gase sehr arm an Sauerstoff waren, und zwar zeigte sich, daß sie um so ärmer waren, je heißer der Koks war. Am wärmsten ist dieser nach dem Einfüllen, am kühlsten vor dem Abstich. Der Höchstgehalt von 3,6% O_2 wurde kurz vor einem Abstich von kaltem Koks gemessen.

Kohlensäure und Kohlenoxyd sind in ihrem Vorkommen ebenfalls an die Kokstemperatur gebunden. Ist sie hoch, also

Abb. 17. Die Entleerung des Koksbehälters in der Versuchsanlage Schlieren. (Vgl. S. 41.)

gleich nach dem Einfüllen, so wird ein Teil CO_2 reduziert zu CO. Es wurden z. B. bei Analyse 7 nach dem Einfüllen 15,4% CO nachgewiesen. Sinkt die Temperatur, so erlöscht diese Reduktionsfähigkeit und ein Teil CO verbrennt zu CO_2. So war bei Analyse 6 vor dem Abstich von ersticktem Koks der Gehalt an CO nur noch 2,4%, dagegen ist der Gehalt an CO_2 hoch.

Über den Verlauf der Temperaturen des im Kreislauf befindlichen indifferenten Gasgemisches bei einem Ventilatorbetrieb mit konstanter Tourenzahl gibt die Abb. 18 (Seite 46) Auskunft. Der alle 3 Stunden regelmäßig eintretende Knick entsteht beim Ablassen des am unteren Ende des Koksschachtes auf etwa 250° C abgekühlten Kokses. Man ersieht aus dieser Temperaturkurve noch mehr: Beginn der Füllung, Ende der Füllung, ja sogar Beginn und Ende der Entleerung sind recht deutlich an den Sprungstellen sichtbar.

Was die **Festigkeit** des in der Schlierener Versuchsanlage gewonnenen Kokses anbelangt, so möge auf die folgenden Zeilen aus den Mitteilungen der Abteilung für Brennstoff- und Kraftwirtschaft des Dampfkessel-Überwachungs-Vereins der Zechen im Oberbergamtsbezirk Dortmund[1]) verwiesen werden: „Die Entstehung von Staub- und Feinkoks ist bedeutend herabgemindert, da keine Zerklüftung durch

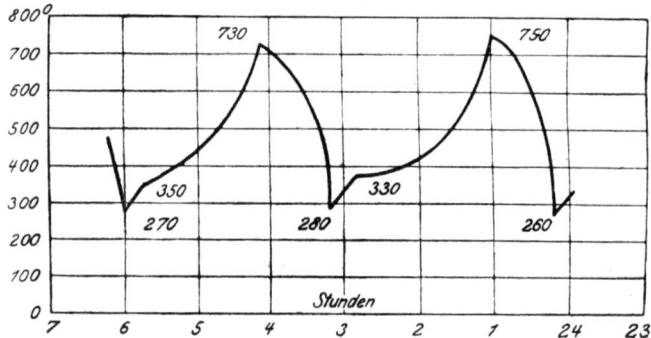

Abb. 18. Verlauf der Gastemperaturen vor dem Dampfkessel in der Trockenkokskühlanlage, System Sulzer-Winterthur, ermittelt auf dem Gaswerk der Stadt Zürich in Schlieren. (Vgl. S. 45.)

Abschrecken mit kaltem Wasser eintritt. Da die erhaltenen Koksstücke aus dem gleichen Grunde auch **weniger Risse aufweisen als beim Naßlöschverfahren**, wird der Koks im Hochofen den Druck der über ihm liegenden Erzmassen besser aushalten können. Er besitzt demnach neben einem höheren Heizwert infolge seiner absoluten Trockenheit in hohem Maße alle diejenigen Eigenschaften, die insbesondere der industrielle Abnehmer von ihm fordern kann."

Es muß noch hinzugefügt werden, daß in der **Schlierener Versuchsanlage** der Koks nach seiner Abkühlung die zermalmende Brouwerrinne passieren muß. Bei einer **Neuanlage** findet die Koksförder- und Transportfrage eine zweckmäßigere Lösung, so daß die Koksqualität dadurch noch mehr gewinnt.

---

[1]) „Glückauf" 1922, Das „Wärmeheft".

Auch die von Dr. Hahn, Leipzig, im praktischen Betriebe vorgenommenen Versuche bestätigen, daß der trocken gelöschte Koks eine bedeutend höhere Festigkeit aufweist als der mit Wasser abgeschreckte.

VII. Wirtschaftlichkeit der Anlagen für trockene Kokskühlung.

Die Vorzüge der trockenen Kokskühlung, sowie speziell der praktisch erprobten Sulzerschen Lösung des Problems leuchten wohl ohne weiteres ein. Das Problem, welches mehrere Jahre hindurch viele Erfinder leider erfolglos beschäftigte, ist von Sulzer tatsächlich in verblüffend einfacher Weise gelöst worden. Diese Lösung stellt zweifellos eine epochemachende Neuerung dar.

Die Einführung einer Neuerung, mag sie für die Volkswirtschaft noch so wichtig sein, hängt aber jedesmal von ihrer Rentabilität ab. Für die Rentabilität der trockenen Kokskühlung ist jedoch nicht allein der augenblickliche Brennstoffpreis, sondern auch die Erstellungs-, Bedienungs- und Unterhaltungskosten der Anlage maßgebend.

Die Kosten einer Anlage für trockene Kokskühlung, System Sulzer, setzen sich im großen und ganzen aus den Ausgaben für die folgenden Posten zusammen:

1. Betonkühlbehälter, innen mit feuerfestem Material ausgemauert, mit Isoliermaterial.
2. Dampfkesselanlage mit dazugehöriger grober und feiner Ausrüstung, Vorwärmer und (nach Bedarf) Überhitzer.
3. Ventilator mit dazugehörigem Antriebsmotor und Rohrleitungen.
4. Füll- und Entleerungsapparatur, sowie Meß- und sonstige Hilfseinrichtungen.
5. Förder- und Aufzugsvorrichtungen.

Bei Neuanlagen kommen aber die Ausgaben für die Anschaffung der Dampfkessel, die etwa $1/3$ bis $1/4$ der Gesamtkosten der Anlage betragen, in Fortfall, so daß sich die Kokskühlanlage dann bedeutend billiger stellt.

Die Bedienung der Anlage wird von dem Personal durchgeführt, welches sonst die Öfen und die damit verbundenen Transporteinrichtungen der betreffenden Kokerei oder Gaswerks bedient, so daß Mehrkosten für die Bedienung nicht in Frage kommen.

48 Wirtschaftlichkeit der Anlagen für trockene Kokskühlung.

Die Unterhaltungskosten sind ganz unbedeutend, wenn man den gewaltigen Verschleiß berücksichtigt, der beim Löschen mit Wasser durch die säurehaltigen Dämpfe an den Transportanlagen, Eisenkonstruktionen, Löschtürmen usw. bewirkt wird. Es kommt noch eine bedeutend längere Lebensdauer des Dampfkessels der trockenen Kokskühlanlage hinzu wie es auf Seite 51 unter Punkt 8 ausgeführt wurde.

An folgendem Rechenbeispiel möge auf Grund der Verhältnisse im März 1922 die Rentabilität einer Trocken-Kokskühlanlage für ein Gaswerk mittlerer Größe von etwa 50000 cbm Tagesleistung (entsprechend 100 t Koksdurchsatz in 24 Stunden) gezeigt werden. Für andere Fälle läßt sich die Rentabilitätsaufstellung entsprechend umrechnen.

Die vorhandenen Dampfkessel des Gaswerkes werden mit Koks beheizt, wobei eine 5,9fache Verdampfung erzielt wird. Der Preis für Koks ist mindestens mit 1100,— ℳ pro Tonne einzusetzen, so daß allein der Brennstoffverbrauch für die Tonne Dampf 1100 : 5,9 = 186 ℳ beträgt. Hierzu sind noch die Unkosten für Löhne, Licht und Kraft, Verzinsung und Amortisation, sowie die allgemeinen Unkosten hinzuzufügen, die erfahrungsgemäß mindestens 50% der Brennstoffkosten betragen, so daß der tatsächliche Preis des in der Dampfkesselanlage des Gaswerkes durch direkte Verbrennung von Koks erzielten Dampfes

$$\frac{186 \times 150}{100} = 279,- \text{ ℳ pro Tonne}$$

beträgt.

Bei der Erstellung einer Trocken-Kokskühlanlage treten folgende Ersparnisse ein:

a) Durch Dampferzeugung: Bei einer mittleren Kokserzeugung von 100 t werden ca. 30 t überhitzter Dampf von 8 Atm. Betriebsdruck erzeugt. Die Ersparnis beträgt somit pro Tag 30 × 279 = 8370 ℳ oder pro Jahr mit 330 Arbeitstagen 330 × 8370 = ca. 2872000 ℳ.

b) Durch Verbrennung von trockenem Koks in der Generatorfeuerung: Wie auf Seite 17 ausgeführt, werden beim Vergasen von trockenem Koks im Generator mindestens 2% der gesamten, für die Generatorfeuerung verwandten, Koksmenge gespart. Beträgt nun die Unterfeuerungszahl ca. 26% der gesamten Koksproduktion, so werden pro Tag 100 × 0,26 = 26 t oder pro Jahr 26 × 330 = 8580 t

Koks als Generatorfeuerung in Betracht kommen. Der jährliche Koksgewinn beträgt demnach 8580 × 0,02 = 172 t guten Koks. Unter der Annahme eines Preises für guten Koks zu 1300,— ℳ pro Tonne erhalten wir hier eine Ersparnis von rund 223 000,— ℳ.

Anlagekosten:

Die Kosten für eine komplette Kokskühlanlage für eine Leistung von 100 t Koksdurchsatz pro Tag, mit Aufzug, inkl. Montage, Ventilator, Motor, Fundamente, Gleisanlagen, sonstige bauliche Arbeiten usw. betragen unter Zugrundelegung der heutigen Verhältnisse rund 4 850 000 ℳ.

Einnahmen:

Die rechnerisch bestimmbaren jährlichen Einnahmen betragen an:

a) Dampferzeugung	ca. 2 872 000,— ℳ
b) Ersparnisse im Generator . . .	223 000,— ℳ
	zus. 3 095 100,— ℳ

Ausgaben:

1. Strom für den Ventilator und die Transportvorrichtung ca. 2 kWh pro Tonne Koks, somit pro Jahr 100 × 330 × 2 = ca. 66 000 kWh. Hiervon ist der Stromverbrauch der bei der Inbetriebnahme der Anlage für trockene Kokskühlung stillzulegenden Brouwerrinne in Abzug zu bringen. Der Kraftbedarf der Brouwerrinne beträgt ca. 7 PS bzw. 5,75 kWh, was bei ca. 6 Stunden täglicher Betriebszeit einen jährlichen Stromverbrauch von 5,75 × 6 × 330 = 11 400 kWh ausmachen würde. Der Mehrverbrauch an elektrischem Strom beläuft sich daher bei der trockenen Kokskühlung auf ca 66 000—11 400 = 54 600 kWh pro Jahr. Die kWh mit 3,80 ℳ berechnet, ergeben sich an

1. Stromkosten : 54 600 × 3,80	207 000,— ℳ
2. Unterhalt und Bedienung, Reparaturen usw. der Anlage	150 000,— ℳ
3. Amortisation und Verzinsung 16% von dem Anlagekapital ergibt . . .	776 000.— ℳ
	zus. 1 113 000.— ℳ

Somit ergibt sich ein jährlicher Gewinn:

3 095 100,— ℳ
1 113 000,— ℳ
1 962 100,— ℳ

Die Anlage macht sich somit in 2—3 Jahren bezahlt. Die Tonne erzeugten Dampfes kostet statt 279,— ℳ in diesem Falle nur ein wenig über 100 ℳ. Bei größeren Anlagen werden die verhältnismäßigen Ersparnisse noch bedeutend höher.

Außer den genannten finanziellen Ersparnissen werden durch die Trocken-Kokskühlanlage eine Reihe von Vorteilen erreicht, welche sich nicht direkt in Zahlen ausdrücken lassen, die aber nichtsdestoweniger von großer Wichtigkeit sind. Diese Vorteile sind in dem letzten Abschnitt VIII nochmals kurz zusammengefaßt.

VIII. Vergleich der trockenen Kokskühlung mit der bisherigen Betriebsweise.

Aus den vorstehenden Abschnitten geht folgendes hervor:

1. Die im glühenden Koks enthaltenen Wärmemengen, welche beim Löschen mit Wasser sonst verloren gehen, werden bei der trockenen Kokskühlung zum größten Teil nutzbar gemacht, so daß pro Tonne Koksdurchsatz je nach den Betriebsverhältnissen (Anfangstemperatur des Kokses. Zustand des Kessels, Transportbedingungen des Kokses, Temperatur des Speisewassers usw.) 0,33 bis ca. 0,4 t Satt- oder auch überhitzter Dampf von 6—10 Atm und mehr Spannung gewonnen werden, ohne daß eine Gewichtsverminderung des Kokses stattfindet. Bei einem Gaswerk mit einer Jahresleistung von etwa 10 000 000 cbm Gas kann man dadurch unter Zugrundelegung einer 4,5fachen Verdampfung jährlich etwa 1500 t Brennstoff sparen.

2. Durch das plötzliche Abschrecken mit Wasser, sowie Verdampfen des gleichzeitig in die Poren eingedrungenen Wassers wird der Koks zersprengt, und es bildet sich dadurch der minderwertige Koksgrieß. Noch nicht zum Zerplatzen gebrachte Koksstücke besitzen zahlreiche Risse. wodurch die Widerstandskraft des Kokses beim Verladen, in der Separation, während des Transportes usw. geschwächt wird. Die unmittelbare Folge davon ist die Bildung von kleinstückigem Koks in erhöhtem Maßstabe.

3. Beim nassen Löschverfahren bildet sich schweflige Säure, Schwefelwasserstoff und Stickstoffverbindungen, die von den Löschdämpfen mitgenommen werden. Die in der Nähe der Kokslöscheinrichtung befindlichen Gebäude, Eisen-

konstruktionsteile und Maschinen leiden unter dem Angriff dieser in den warmen nassen Dämpfen enthaltenen Säuren. Bei Anwendung der trockenen Kokskühlung ist die Bildung der oben erwähnten Verbindungen überhaupt ausgeschlossen, so daß die sonst gefährdeten Konstruktionen eine längere Lebensdauer aufweisen werden und folglich geringere Kosten für Unterhaltung und Ersatz in Anspruch nehmen.

4. Die trockene Kokskühlung hat gegenüber dem Handlöschen mit Wasser den Vorteil, daß infolge des maschinellen Betriebes die Arbeitslöhne bedeutend reduziert werden.

5. Bei der trockenen Kokskühlung kann man nach Belieben den gesamten Koks oder wenigstens den für den eigenen Verbrauch bestimmten (Unterfeuerung in Gaswerken usw.) Teil vollständig trocken erhalten, wodurch schon allein bei der Unterfeuerung über 2% der für Unterfeuerungszwecke verbrauchten Koksmenge (gegenüber feuchtem Koks) gespart werden. Bei einem Gaswerk von 10 000 000 Jahresabgabe, einem Unterfeuerungsverbrauch von 15—18% Koks und einem Kokspreis von 1300,— ℳ pro Tonne entstehen allein bei den Ausgaben für Unterfeuerungszwecke Ersparnisse von beinahe 130 000 ℳ jährlich. Außerdem ist aber noch zu beachten, daß der 5—20 proz. Wassergehalt des Kokses auch für jede andere Feuerungsart von Nachteil ist, da dieses Wasser eine niedrigere Verbrennungstemperatur bewirkt und dadurch entsprechender unnützer Aufwand von Brennstoff verdampft werden muß.

6. Bei der trockenen Kokskühlung treten Ersparnisse durch den Fortfall des Löschwassers ein; da man pro Tonne Koks mit rund 1 cbm Löschwasser rechnen kann, so sind solche Ersparnisse nicht unbedeutend. Ferner werden dabei die Unterhaltungskosten für die Transport- und Löschvorrichtung, die nicht mehr unter zerstörenden Einflüssen des Wassers zu leiden hat, bedeutend reduziert.

7. Bei der nassen Kühlung, insbesondere bei der Anwendung des Tauchverfahrens oder durch Injezieren von Wasser von unten in die glühende Koksmasse bildet sich Wassergas, welches mit den Dämpfen entweicht, was bei gewissen Tauchverfahren einen Verlust an Brennstoff von 3—4% ausmachen kann.

8. Da die Wärme an die Dampfkessel durch indifferente Gase übertragen wird und Stichflammen absolut nicht auftreten können, werden die in Verbindung mit trockenen Kokskühlanlagen eingebauten Dampfkessel nicht den Korro-

sionen ausgesetzt, wie die direkt mit Brennstoffen befeuerten Dampfkessel, was eine längere Lebensdauer der Kessel zur Folge hat. Da ferner die Temperatur der Gase höchstens 900° C beträgt, so fallen alle mit Überhitzung der Kessel bzw. mit dem Auftrten von Stichflammen verbundenen Nachteile ebenso vollständig fort. Ferner werden wohl die üblichen Beschädigungen der Dampfkessel durch Kondensate fortfallen.

9. Der trockenen Kokskühlung gebührt noch ein Vorteil auch in hygienischer Hinsicht; namentlich bei den innerhalb der Stadt gelegenen Gaswerken (und Kokereien) wird der beim Naßlöschverfahren mit den Dämpfen entweichende Staub und Ruß sowohl auf dem Fabrikhofe als auch in der Umgebung lästig empfunden, während bei der trockenen Kokskühlung jede Staubbildung von vornherein ausgeschlossen ist.

10. Bei der Errichtung von Kokskühlanlagen fallen die Herstellungs- und Unterhaltungskosten der Löschtürme, sowie der besonderen Dampfkesselanlagen fort.

11. Die Anlagen für trockene Kokskühlung sind, wie im Abschnitt VIII gezeigt wird, wirtschaftlich, machen sich schnell bezahlt und liefern den Dampf etwa um die Hälfte billiger als die direkt mit Brennstoffen befeuerten Dampfkessel. Sowohl vom nationalökonomischen, wie auch vom privatwirtschaftlichen Standpunkte aus wäre daher die Verbreitung solcher Anlagen sehr zu begrüßen.

Verlag von Otto Spamer in Leipzig-Reudnitz

MESSUNG GROSSER GASMENGEN

Anleitung zur
praktischen Ermittlung großer Mengen von Gas- und
Luftströmen in technischen Betrieben

von

Ing. L. LITINSKY

Mit 138 Abbildungen, 37 Rechenbeispielen, 8 Tabellen im Text
und auf einer Tafel, sowie 13 Schaubildern und Rechentafeln im Anhang

Geh. M. 175.—, geb. M. 195.—. (Nach dem Ausland besond. Berechnung)

Gesundheitsingenieur: Das für die Praxis bestimmte Werk will den Ingenieur instand setzen, auf Grund der örtlichen Verhältnisse die jeweils bestgeeignetste Gasmeßmethode auszuwählen. Hierzu sind 20 Methoden und Verfahren behandelt.
Das Werk bespricht zunächst die wichtigsten physikalischen Eigenschaften der Gase, insbesondere das spezifische Gewicht und seine Bestimmung, sodann die Druckmessung, die Gasmengenbestimmung aus dem Volumen, aus der Geschwindigkeit, aus Durchflußwiderständen sowie auf chemisch-kalorischem Wege usw. Am Schluß werden die Meßverfahren miteinander verglichen (auch tabellarisch) und einige Beispiele dazu angegeben. Dazu kommen eine größere Anzahl von Schaubildern, Zahlentafeln und, was dem Praktiker sehr angenehm sein wird, 37 Rechnungsbeispiele. Das Literaturverzeichnis umfaßt 153 Nummern. Der Hauptwert des vorliegenden Werkes liegt zweifellos in der kritischen Sammlung möglichst aller erreichbaren technischen Gasmeßmethoden, wodurch den Fachgenossen eine bedeutende, von vielen gar nicht durchzuführende Arbeit abgenommen ist. Abbildungen, Satz und Ausstattung des Werkes sind durchweg gut. Es wird dankbare Leser finden.

Chemische Technologie des Leuchtgases

Von

Dipl.-Ing. Dr. Karl Th. Volkmann

Mit 83 Figuren im Text und auf einer Tafel

Geh. M. 30.—, geb. M. 40.— (und 50% Verlags-Teuerungszuschlag)

Zeitschrift des Vereins deutscher Ingenieure: . . . eine Fülle wertvollen Stoffes in geschickter Weise zusammengestellt . . . Mit gründlichem Fleiß und gesundem Urteil aus deutschen und ausländischen Werken und Fachblättern ausgesuchte, aber auch durch eigene Beobachtungen und Untersuchungen des Verfassers gewonnene Zahlenreihen und Zusammenstellungen über die chemische Zusammensetzung, die Heizwerte und andere Eigenschaften und Fähigkeiten von Rohstoffen und brennbaren Gasen und den bei ihrer Darstellung gewonnenen Nebenerzeugnissen nehmen in dem Buche ungefähr ebensoviel Raum ein, wie der fortlaufende Text und die durchweg guten Abbildungen. Überall hat der Verfasser sich bemüht, neben dem Altbekannten auch den neueren Errungenschaften gerecht zu werden . . .

MIX
Papier aus verantwortungsvollen Quellen
Paper from responsible sources
FSC® C105338

If you have any concerns about our products,
you can contact us on
ProductSafety@springernature.com

In case Publisher is established outside the EU,
the EU authorized representative is:
**Springer Nature Customer Service Center GmbH
Europaplatz 3, 69115 Heidelberg, Germany**

Printed by Libri Plureos GmbH
in Hamburg, Germany